장풍쌤이 콕 집은 **초등 / 중등** 과학교과서 필수 용어

글 장성규(장풍) 그림 김석

과학
용어 **200**

1권

시작하며

전국의 중학생, 예비 중학생 여러분~
과학은 왜 어렵게 느껴질까요?
많은 친구들이 과학 문제만 보면 겁을 먹고 울렁증을 호소해요.

과학이 어려운 이유~ 대부분 용어 뜻을 몰라서 어렵다고 느끼는 거예요.
우리가 땅을 걸어 다닐 때 무슨 힘이 작용하죠? 중력!
우주에서 우리 몸이 둥둥 떠다니는 이유? 무중력!
그럼 여러분은 '중력'과 '무중력'을 정확히 설명할 수 있나요?

또 하나 예를 들어볼게요,
"제 몸의 질량은 60입니다." 무슨 말인지 이해되시나요?
몸무게는 알아도 몸의 질량? 생소하죠.
'무게'랑 '질량'은 달라요.
그런데 평소 우리는 마구 혼용해서 쓰고 있어요.
이렇게 헷갈리는 과학 용어, 이걸 쉽게 정리한 책이
바로 '원말 과학 용어 200'입니다.

과학은 용어의 말뜻 안에 개념이 들어있는 과목이에요.
용어를 알면 문제가 술술 풀리고, 점수가 쭉쭉 오를 겁니다.
연관된 용어를 비교해서 이야기로 풀어주니까
너무 쉽고 재미있는 과학 공부!
저만 믿고 따라와 볼래요?

장성규(장풍) 드림

어려운 과학을 **쉽게**
쉬운 용어는 **깊게**
깊은 내용은 **유쾌하게**

그래서

뭔말 과학 용어 200

이렇게 공부해요

Step 1 퀴즈 풀며 흥미 유발 ▶ **Step 2** 비교하며 본격 학습

퀴즈 ▶ 생활 속 사례를 재미있는 퀴즈로 구성하였어요. 답을 추리하다 보면 저절로 용어의 의미를 알 수 있게 된답니다.

단서 ▶ 퀴즈의 정답을 찾을 수 있는 2~3개의 단서를 제공하였어요. 빨리 포기하지 말고 퀴즈속 그림을 보고 어떤 내용이 펼쳐질지 상상해 보세요.

필수 용어 ▶ 중학생이 꼭 알아야 할 100개의 용어를 뽑아 짝으로 묶어 비교하였어요. 헷갈리는 개념을 확실하게 익히다 보면 용어의 정확한 뜻을 알 수 있지요.

한 줄 요약 ▶ 한자어 뜻풀이와 한 줄 요약으로 용어를 가장 단순하게 정리해요.

교과 연계 표시

중3 운동과 에너지

등가속도

等 加 速
갈을 등 더할 가 빠를 속

008

속도가 일정하게 증가하거나 감소하는 운동

시간에 따라 속도가 변하는 것을 가속도라고 합니다. 예를 들어 경사진 면의 꼭대기에서 공을 떨어뜨리면 공은 내려오면서 속도가 붙어 점점 **빠르게** 내려오게 됩니다. 반대로 공을 밑에서 위로 굴리면 올라가면서 점점 속도가 느려지죠. 이처럼 속도가 점점 빨라지거나 점점 느려지는 것 모두 가속도 운동을 하고 있는 거예요.

가속도가 일정한 운동을 등가속도 운동이라고 합니다. 등가속도 운동을 하는 물체는 시간이 지남에 따라 속력이 일정하게 증가하거나 감소하고, 같은 시간 동안 이동한 거리가 점점 증가합니다. 속도가 빨라지는 등가속도 운동을 하는 물체를 시간계록계로 기록했을 때 타점 사이의 간격이 점점 넓어지는 것을 볼 수 있습니다. 반대로 속도가 느려지는 등가속도 운동은 타점 사이의 간격이 점점 좁아지지요.

등가속도 그래프

시간에 따른 가속도가 일정하다.

등가속도 운동

운동 방향 →

타점 사이의 간격이 점점 넓어진다.

등가속도 운동 ⋯⋯⋯⋯

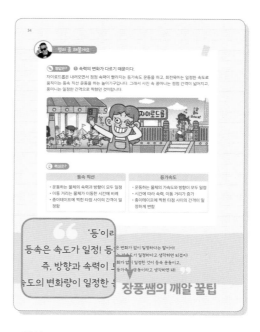

34

정리 좀 해볼까요

정답은? ① 속력의 변화가 다르기 때문이다.
자이로드롭은 내려오면서 점점 속력이 빨라지는 등가속도 운동을 하고, 회전목마는 일정한 속도로 움직이는 등속 직선 운동을 하는 놀이기구입니다. 그래서 사진 속 풍미나는 점점 간격이 넓어지고, 물미나는 일정한 간격으로 찍현던 것이랍니다.

핵심은?

등속 직선	등가속도
• 운동하는 물체의 속력과 방향이 모두 일정	• 운동하는 물체의 가속도와 방향이 모두 일정
• 이동 거리는 물체가 이동한 시간에 비례	• 시간에 따라 속력, 이동 거리가 증가
• 종이테이프에 찍힌 타점 사이의 간격이 일정함	• 종이테이프에 찍힌 타점 사이의 간격이 일정하게 변함

" '등'이리
등속은 속도가 일정! 등기
즉, 방향과 속력이
속도의 변화량이 일정한 "

장풍쌤의 깨알 꿀팁

핵심 ▶ 그림을 곁들인 야무진 해설과 깔끔한 표 정리로 용어 학습을 완벽하게 마무리해요.

스토리텔링 ▶ 이야기처럼 술술 읽히도록 최대한 쉬운 말로 용어의 뜻을 풀었어요. 핵심을 콕 집어낸 명쾌한 설명과 다양한 사례로 즐겁게 완독할 수 있어요.

한 판 그림 ▶ 한 장 가득 펼쳐지는 그림을 통해 용어의 의미를 직관적으로 이해할 수 있어요.

뭔 뜻인지도 모르겠고 말로 설명하기도 어렵다면 이 책을 꼭 읽어볼 것!!

이런 과학 용어를 배워요

1권에서 배울 과학 용어 100

• 교과 연계 단원 10p

이런 과학 용어를 배워요

To be continued

2권에서 100개의 또 다른 과학 용어가 여러분을 기다리고 있어요.

교과 연계 단원

초등 필수 용어부터 중등 핵심 용어까지 한 번에 해결해요

뭔말 과학 용어 200 1권		초등 과학	중등 과학
001	무게	4-1 물체의 무게	중1 여러 가지 힘
002	질량		
003	탄성력	6-2 에너지와 생활	중1 여러 가지 힘
004	마찰력		
005	속력	5-2 물체의 운동	중3 운동과 에너지
006	속도		
007	등속 직선	5-2 물체의 운동	중3 운동과 에너지
008	등가속도		
009	해수	3-2 지표의 변화	중2 수권과 해수의 순환
010	육수		
011	대류권	5-2 날씨와 우리 생활	중3 기권과 날씨
012	중간권		
013	대륙 지각	3-2 지표의 변화	중1 지권의 변화
014	해양 지각		
015	P파	4-2 화산과 지진	중1 지권의 변화
016	S파		
017	외핵	4-2 화산과 지진	중1 지권의 변화
018	내핵		
019	화성암	4-1 지층과 화석	중1 지권의 변화
020	퇴적암		
021	화산암	4-1 지층과 화석	중1 지권의 변화
022	심성암		
023	층리	4-1 지층과 화석	중1 지권의 변화
024	엽리		

뭔말 과학 용어 200 1권		초등 과학	중등 과학
049	증발	4-2 물의 상태 변화	중1 물질의 상태 변화
050	끓음		
051	반사	4-2 그림자와 거울	중1 빛과 파동
052	굴절		
053	오목 렌즈	6-1 빛과 렌즈	중1 빛과 파동
054	볼록 렌즈		
055	정반사	4-2 그림자와 거울	중1 빛과 파동
056	난반사		
057	원자	3-1 물질의 성질	중2 물질의 구성
058	분자		
059	연속설	3-1 물질의 성질	중2 물질의 구성
060	입자설		
061	주기	3-1 물질의 성질	중2 물질의 구성
062	족		
063	금속 원소	3-1 물질의 성질	중2 물질의 구성
064	비금속 원소		
065	양이온	3-1 물질의 성질	중2 물질의 구성
066	음이온		
067	전해질	3-1 물질의 성질	중2 물질의 구성
068	비전해질		
069	도체	3-1 자석의 이용	중2 전기와 자기
070	부도체		
071	방전	3-1 자석의 이용	중2 전기와 자기
072	감전		
073	전압	3-1 자석의 이용	중2 전기와 자기
074	전류		

뭔말 과학 용어 200 1권		초등 과학	중등 과학
075	직렬	6-2 전기의 이용	중2 전기와 자기
076	병렬		
077	전동기	6-2 전기의 이용	중2 전기와 자기
078	발전기		
079	자전	6-1 지구와 달의 운동	중2 태양계
080	공전		
081	일주 운동	5-1 태양계와 별	중2 태양계
082	연주 운동		
083	망	6-1 지구와 달의 운동	중2 태양계
084	삭		
085	일식	5-1 태양계와 별	중2 태양계
086	월식		
087	개기	6-1 지구와 달의 운동	중2 태양계
088	부분		
089	항성	5-1 태양계와 별	중2 태양계
090	행성		
091	내행성	5-1 태양계와 별	중2 태양계
092	외행성		
093	지구형 행성	5-1 태양계와 별	중2 태양계
094	목성형 행성		
095	녹말	4-2 식물의 생활	중2 식물과 에너지
096	포도당		
097	광합성	4-2 식물의 생활	중2 식물과 에너지
098	호흡		
099	동화 작용	4-2 식물의 생활	중2 식물과 에너지
100	이화 작용		

풍's 패밀리

장풍쌤
패셔니스타 과학 선생님.
83만 수강생을 만나기 위해
매일 다른 옷을 코디하며 옷에 진심이다.
치명적 단점으로 더위에 취약해 자주
땀을 뻘뻘 흘리는 모습을 볼 수 있다.

풍이
장풍쌤의 강아지. 프렌치 불독이다.
가끔 사람보다 똑똑해 보인다.

풍마니

사춘기가 시작된 초등 6학년.
웹툰 작가를 꿈꾸며 항상 패드에
그림으로 그린다. 하지만 풍마니의
그림을 본 사람은 아무도 없다.

풍슬이
장풍쌤 바라기인 초등 6학년.
트렌드를 앞서 나가며 세상에서
장풍쌤 개그가 제일 재미있다.
친구들 사이에서 항상 대장을
도맡아 한다.

풍미니
풍마니의 남동생.
유치원생이다.
세상에 대한 호기심이
왕성하고, 항상 형, 누나들과
함께 놀고 싶어한다.

풍식이
풍마니 윗집에 살고있는 중3 사촌형.
앞으로 고등학생이 될 생각에 들떠있다.
야구부 선수로 운동장에 가면 언제나
야구를 하고 있다. 시니컬한 성격으로
고독을 즐기는 모습이 자주 목격된다.

뭔말 과학 용어냐고?

무게? 질량?
원자? 분자?

대체
뭔 말이래?

뭔지 알겠는데,
말로는
설명 못하겠어.

뭔 말 인지
1도 모르겠어.

이 책을 펼친 여러분은
지금부터 저와 함께 100개의 헷갈리는
과학 용어를 만나게 될 것입니다.
초등 - 중등 교과서의 필수 개념 중 여러분을 괴롭히는
바로 그 애매한 용어들만 쏙쏙 뽑아 쉽게 알려드립니다.

이 한 권의 책을 통해
쉽고 재미있게, 그리고 아주 깔끔하게
모든 용어를 정리해 드리겠습니다.

중학생이 되기 전에 **뭔**뜻인지 **말**해줄게.

FOLLOW ME~!

장풍쌤의 몸무게는 어떻게 변했을까요?

난이도 ★★☆

Q 열심히 운동을 해서 몸짱으로 거듭난 장풍쌤! 장풍쌤은 몸짱이 된 기념으로 달에 놀러 갔습니다. 지구에서 잰 장풍쌤의 무게와 질량이 각각 60kgf와 60kg이었다면, 달에서는 얼마일까요?

단서 ・ 무게는 물체에 작용하는 중력의 크기이다.

・ 질량은 물체가 가진 고유한 양으로 중력과 관계없다.

・ 달의 중력은 지구의 $\frac{1}{6}$이다.

❶ 무게 10kgf, 질량 10kg   ❷ 무게 10kgf, 질량 60kg

무게 重 量
무거울 중　헤아릴 량

001

지구가 물체를 끌어당기는 힘의 크기

무게는 중량이라고도 하며, 어떤 물체에 작용하는 중력*의 크기를 말합니다. 지구상에 존재하는 모든 물체에는 지구가 끌어당기는 힘인 중력이 작용하죠. 그래서 무게는 물체에 작용하는 중력의 크기와 같습니다.

따라서 중력이 변하면 측정되는 무게의 값도 달라집니다. 지구보다 질량과 반지름이 작은 달은 지구 중력의 $\frac{1}{6}$ 정도밖에 되지 않습니다. 그래서 달에서 잰 물체의 무게는 지구에서 잰 물체 무게의 $\frac{1}{6}$이 되지요.

무게의 크기를 나타내는 단위는 N뉴턴, kgf킬로그램힘을 사용하는데요. 우리가 흔히 몸무게를 측정할 때 kg을 단위로 사용하지만, 여기에는 f가 생략되어 있는 것입니다.

*중력(重 무거울 중, 力 힘 력) : 질량을 가진 모든 물체를 지구 중심으로 당기는 힘

무게를 측정하는 도구

용수철저울

무게 : 600gf
질량 : 600g

높이 점프하기 힘드네

무게 : 60kgf
질량 : 60kg

질량

質 모양 질 **量** 헤아릴 량

002

물체가 가진 물질 고유의 양

질량은 각각의 물체마다 가지고 있는 고유의 양입니다. 중력에 관계없이 기준이 되는 값에 비해 얼마나 무겁고 가벼운지를 측정하는 것이지요. 따라서 어디에서 측정해도 그 값이 일정합니다. 지구에서 질량이 1kg인 물체는 달에서 측정해도 1kg이에요.

질량은 윗접시저울로 측정하며, 크기는 kg킬로그램, g그램, mg밀리그램 등의 단위를 사용하여 나타냅니다. 윗접시저울에 사용하는 추를 분동*이라고 하는데, 이 분동을 이용하여 질량을 측정할 수 있죠.

질량을 측정하는 도구

분동

윗접시저울

*분동(分 나눌 분, 銅 구리 동) : 질량을 측정할 때 표준이 되는 추

무게 : 100gf
질량 : 600g

무게 : 10kgf
질량 : 60kg

왜 더 줄었어?!

10 kg

달의 크레이터 :
우주의 운석이 표면에
부딪혀 생긴 구덩이

정리 좀 해볼게요

📝 **정답은?** ❷ 무게 10kgf, 질량 60kg

무게는 중력의 크기에 따라 다르게 측정됩니다. 달의 중력은 지구의 $\frac{1}{6}$ 정도이기 때문에 달에서 잰 몸무게는 10kgf이죠. 하지만 질량은 어디에서 측정해도 그 값이 일정하기 때문에 지구에서나 달에서나 60kg입니다.

💡 **핵심은?**

무게	질량
• 중력의 크기 • 중력이 변하면 무게가 변함 • 단위 : N뉴턴, kgf킬로그램힘	• 물체가 가진 고유의 양 • 중력이 변해도 질량은 변하지 않음 • 단위 : kg킬로그램, g그램, mg밀리그램

❝ 달의 중력은 지구의 중력보다 작기 때문에 달에서 측정한 무게는 지구에서 측정한 무게의 $\frac{1}{6}$이 되지. 하지만 질량은 '물체가 가진 고유한 양'으로 중력과 관계없이 지구와 달에서 똑같은 값으로 측정된다는 점! 잊지 마! ❞

트램펄린 대회의 우승자는 누구일까요?

난이도 ★★☆

Q 장풍배 트램펄린 높이뛰기 대회가 개최되었습니다. 대회에 참가한 풍마니와 풍슬이. 과연 이 대회의 우승자는 둘 중 누가 될까요?

단서
- 풍마니와 풍슬이가 신은 양말에 주목하자.
- 트램펄린은 탄성을 가지고 있어, 늘어났다가 다시 원래의 모양으로 돌아온다.
- 마찰력이 클수록 잘 미끄러지지 않는다.

❶ 풍마니

❷ 풍슬이

탄성력

彈	性	力
탄알 탄	성질 성	힘 력

003

물체가 원래의 상태로 돌아오려는 힘

용수철을 잡아당겼다가 놓으면 원래대로 돌아갑니다. 이처럼 물체에 힘을 가했다가 힘을 없애면 다시 원래의 모양으로 돌아가려는 성질을 탄성이라고 합니다. 트램펄린에서 뛰면 용수철이 늘어나서 천이 아래로 늘어났다가 다시 원래의 평평한 상태로 되돌아오죠? 이때 용수철은 탄성을 가지며, 원래의 모양으로 돌아가려는 힘을 탄성력이라고 합니다.

탄성력이 작용하는 힘의 방향은 탄성체*에 가해진 힘의 방향과 반대 방향, 즉 원래의 모양으로 물체가 되돌아가려는 방향으로 작용합니다. 탄성체의 모양이 바뀌는 정도가 클수록 탄성력이 크다고 할 수 있습니다. 고무줄을 길게 늘였다가 놓으면 멀리 날아가지만, 짧게 늘였다가 놓으면 조금 날아가는 것과 같지요.

*탄성체 : 탄성을 가진 물체 예 용수철, 고무줄, 고무풍선, 피부 등

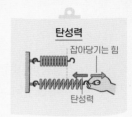

탄성력

잡아당기는 힘

탄성력

쑤욱

티잉

탄성이 있는 용수철

마찰력

摩 닮을 마　擦 문지를 찰　力 힘 력

004

물체가 어떤 면과 접촉할 때 운동을 방해하는 힘

바닥에 놓여 있는 나무토막을 아주 작은 힘으로 밀면 나무토막은 움직이지 않습니다. 왜냐하면 나무토막과 바닥 면 사이에는 나무토막의 움직임을 방해하는 힘인 마찰력이 작용하고 있기 때문입니다. 마찰력은 물체의 운동을 방해하는 힘으로 항상 물체의 운동 방향과 반대 방향으로 작용합니다.
마찰력은 접촉면의 거칠기나 물체의 무게에 영향을 받는데요. 접촉면이 거칠수록, 물체의 무게가 무거울수록 마찰력의 크기가 커집니다. 그러나 마찰력은 접촉면의 넓이와는 관계가 없어요. 무게가 같고 접촉면의 넓이가 달라도 물체에 작용하는 마찰력의 크기는 같습니다.

마찰력의 방향

미는 힘

접촉면

마찰력

마찰력의 크기

마찰력은 접촉면의 넓이와 관계없다.

움직임을 방해하는 마찰력

26

정리 좀 해볼게요

✏️ 정답은? ❶ 풍마니

풍마니의 양말 바닥에 붙은 고무는 트램펄린 표면과의 마찰력을 크게 만들어서 잘 미끄러지지 않고 더 높이 뛸 수 있게 도와주지요. 이번 우승자는 풍마니예요.

💡 핵심은?

탄성력	마찰력
• 물체가 원래의 상태로 돌아가려는 힘 • 물체에 가해진 힘과 반대 방향으로 작용 • 작용한 힘의 크기와 같음	• 물체의 운동을 방해하는 힘 • 물체의 운동 방향과 반대 방향으로 작용 • 물체의 표면이 거칠고 무거울수록 크기가 큼

❝ 마찰력은 물체의 운동을 방해하는 힘이라서 운동 방향의 반대.
탄성력은 원래 모양으로 돌아가려는 힘이라서 힘을 준 방향과 반대.
각 힘의 크기와 힘의 방향을 확실히 알아야 한다는 것을 명심하자! ❞

누가 먼저 편의점에 도착할까요?

난이도 ★★★

Q 직선 거리로 200m 떨어진 편의점에서 아이스크림을 사먹기로 한 풍마니와 풍슬이. 풍슬이는 걸어서 A 코스를 5m/s로, 풍마니는 자전거를 타고 B 코스를 15m/s로 출발했습니다. 과연 둘 중 누가 먼저 편의점에 도착했을까요?

단서
- 풍슬이가 걸어간 길과 풍마니가 자전거를 타고 간 길의 이동 거리에 주목하자.

- 5m/s라면 '1초 동안 5m를 갈 수 있는 빠르기'라는 뜻이다.

- 속력 = $\dfrac{\text{전체 이동 거리}}{\text{걸린 시간}}$ 이다.

① 풍마니   **②** 풍슬이   **③** 동시에 도착한다.

속력 速 빠를 속 力 힘 력 005

물체의 빠르기를 나타낸 값

일정한 시간 동안 물체가 얼마만큼 이동했는지를 나타내는 값으로, 물체의 빠르고 느린 정도를 의미합니다. 같은 시간 동안 더 많은 거리를 이동했다면, '속력이 빠르다'라고 표현하죠. 속력은 물체가 이동한 방향은 생각하지 않고, 전체 이동한 거리만을 측정합니다. 속력은 $\frac{거리}{시간}$로 계산하고, cm/s센티미터 퍼 세컨드, m/s미터 퍼 세컨드, km/h킬로미터 퍼 아워 등의 단위를 사용하죠. 예를 들어 10m/s는 1초의 시간 동안 10m를 이동했다는 뜻입니다. 만약 어떤 물체가 20초 동안 오른쪽으로 10m 이동한 다음 다시 왼쪽으로 10m 이동했다면 방향에 상관없이 전체 이동 거리는 20m입니다. 따라서 속력은 $\frac{10m+10m}{20초} = \frac{20m}{20s}$, 즉 속력은 1m/s이라고 할 수 있습니다.

동물들의 속력 비교

풍슬이 5m/s

달팽이	코끼리	고양이	사람	강아지	치타
0.048km/h	40km/h	48km/h	35km/h	40km/h	112km/h

속도

速	度
빠를 속	정도 도

006

물체의 방향과 빠르기의 변화량을 나타낸 값

물체의 빠르기와 물체의 방향을 함께 나타내는 개념으로 일정한 시간 동안 물체의 위치가 얼마만큼 변했는지를 나타내는 값입니다. 속도는 속력과 같은 단위를 사용하지만 이동한 방향과 함께 나타낸다는 점에서 차이가 있습니다.

속도에서의 이동 방향은 일정한 시간 동안 이동한 변위*를 측정하여 값을 구합니다. 변위는 처음 위치에서 나중 위치를 뺀 값으로, 물체가 처음보다 얼마만큼 이동했는지를 의미하죠. 만약 직선 방향으로 운동하는 어떤 물체가 20초 동안 오른쪽 방향으로 10m 이동한 다음, 다시 왼쪽 방향으로 10m 이동했다면, 이 물체의 위치는 변하지 않았기 때문에 변위는 0이고, 속도는 $\frac{10m_{오른쪽}-10m_{왼쪽}}{20s}$이므로 0이 됩니다.

*변위(變 변할 변 位 위치 위) : 처음 위치와 나중 위치의 변화량

도로 위 제한 속도 표지판

자동차가 넘지 말아야 할 속도를 알려준다.

풍마니 15m/s

편의점 24

정리 좀 해볼게요

정답은? ❸ 동시에 도착한다.

풍슬이는 300m의 길을 5m/s로 걸어 갔으니, $\frac{300m}{시간}$=5m/s로 편의점에 도착하기까지 걸린 시간은 60초! 풍마니는 900m의 길을 15m/s로 자전거를 타고 이동했으니, $\frac{900m}{시간}$=15m/s로 풍마니도 60초 만에 편의점에 도착했네요. 속력은 풍마니가 빠르지만 둘 다 직진 거리로 200m 떨어진 편의점을 60초 만에 도착했으므로 풍마니와 풍슬이의 속도는 같아요.

핵심은?

속력	속도
• 물체가 빠르고 느린 정도 • $\frac{전체\ 이동\ 거리}{걸린\ 시간}$=속력 • 단위 : cm/s센티미터 퍼 세컨드, m/s미터 퍼 세컨드, km/h킬로미터 퍼 아워	• 물체의 빠르기가 얼마만큼 변했는지 정도 • $\frac{변위}{걸린\ 시간}$=속도 • 단위 : 속력과 같은 단위 사용

> 속력은 빠르기만을 나타내지만 속도는 빠르기와 방향을 나타내! 꼬불꼬불한 길이든 직선으로 된 길이든 같은 시간 동안 이동한 두 사람의 출발점과 도착점이 같다면 속도는 같아. 이때 속력은 꼬불꼬불한 길로 간 사람이 더 커. 같은 시간 동안 더 많은 거리를 갔기 때문이지.

풍슬이가 찍은 두 사진이 다른 까닭은 무엇일까요?

난이도 ★★★

Q 놀이공원에 놀러간 풍's 패밀리. 풍슬이는 놀이기구를 타는 친구들의 모습을 카메라로 찍었습니다. 그런데 자이로드롭을 타는 풍마니와 회전목마를 타는 풍미니가 찍힌 사진의 모습이 서로 다르네요. 그 까닭은 무엇일까요?

단서
- 풍슬이는 같은 시간 동안 같은 속도로 카메라의 셔터를 눌렀다.
- 자이로드롭은 점점 빨리 떨어진다.
- 회전목마는 같은 속력으로 회전한다.

① 속력의 변화가 다르기 때문이다. **②** 사진 찍은 거리가 다르기 때문이다.

등속 직선

等	速	直	線
같을 등	빠를 속	곧을 직	줄 선

007

속력과 방향이 일정한 운동

운동하는 물체의 속력과 방향이 모두 일정한 것을 등속 직선 운동이라고 합니다. 만약 일정한 속도로 움직이는 물체에 외부의 힘이 작용하여 운동 방향이 달라진다면 등속 직선 운동을 한다고 할 수 없죠. 등속 직선 운동을 하는 물체는 항상 같은 속력으로 움직이기 때문에 물체가 이동하는 데 걸린 시간과 이동한 거리는 서로 비례합니다. 이를 통해 속력을 구할 수 있으며, 물체의 위치를 예측하는 데 쓰이기도 합니다. 〈시간-속력〉 그래프 아랫부분의 넓이를 구하면 물체의 이동 거리를 구할 수 있어요.

또 일정한 시간 간격으로 종이테이프에 타점펜으로 점을 찍음을 찍는 시간기록계로 물체의 운동을 기록해 볼 수도 있습니다. 등속 직선 운동을 하는 물체는 속력이 일정하기 때문에 타점 사이의 간격 또한 일정하게 나타납니다.

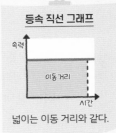

등속 직선 그래프

넓이는 이동 거리와 같다.

등속 직선 운동

운동 방향 →

처음 타점
타점 사이의 간격은 일정하다.

········· 등속 직선 운동

등가속도

等	加	速	度
같을 등	더할 가	빠를 속	법도 도

008

속도가 일정하게 증가하거나 감소하는 운동

시간에 따라 속도가 변하는 것을 가속도라고 합니다. 예를 들어 경사진 면의 꼭대기에서 공을 떨어뜨리면 공은 내려오면서 속도가 붙어 점점 빠르게 내려오게 됩니다. 반대로 공을 밑에서 위로 굴리면 올라가면서 점점 속도가 느려지죠. 이처럼 속도가 점점 빨라지거나 점점 느려지는 것 모두 가속도 운동을 하고 있는 거예요.

가속도가 일정한 운동을 등가속도 운동이라고 합니다. 등가속도 운동을 하는 물체는 시간이 지남에 따라 속력이 일정하게 증가하거나 감소하고, 같은 시간 동안 이동한 거리가 점점 증가합니다. 속도가 빨라지는 등가속도 운동을 하는 물체를 시간기록계로 기록했을 때 타점 사이의 간격이 점점 넓어지는 것을 볼 수 있습니다. 반대로 속도가 느려지는 등가속도 운동은 타점 사이의 간격이 점점 좁아지지요.

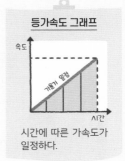

등가속도 그래프

시간에 따른 가속도가 일정하다.

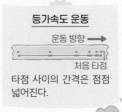

등가속도 운동

운동 방향 →

처음 타점

타점 사이의 간격은 점점 넓어진다.

등가속도 운동·········

정리 좀 해볼게요

✏️ 정답은?　　❶ 속력의 변화가 다르기 때문이다.

자이로드롭은 내려오면서 점점 속력이 빨라지는 등가속도 운동을 하고, 회전목마는 일정한 속도로 움직이는 등속 직선 운동을 하는 놀이기구입니다. 그래서 사진 속 풍마니는 점점 간격이 넓어지고, 풍미니는 일정한 간격으로 찍혔던 것이랍니다.

💡 핵심은?

등속 직선	등가속도
• 운동하는 물체의 속력과 방향이 모두 일정 • 이동 거리는 물체가 이동한 시간에 비례 • 종이테이프에 찍힌 타점 사이의 간격이 일정함	• 운동하는 물체의 가속도와 방향이 모두 일정 • 시간에 따라 속력, 이동 거리가 증가 • 종이테이프에 찍힌 타점 사이의 간격이 일정하게 변함

❝ '등'이라는 것은 변화가 없이 일정하다는 말이야!
등속은 속도가 일정! 등가속도는 가속도가 일정하다고 생각하면 되겠지!
즉, 방향과 속력이 모두 변화가 없이 일정한 것이 등속 운동이고,
속도의 변화량이 일정한 운동이 등가속도 운동이라고 생각하면 돼! ❞

계곡물과 바닷물은 어떻게 구분할 수 있을까요?

난이도 ★☆☆

Q 계곡과 바다로 여행을 간 풍's 패밀리. 장풍쌤은 기념으로 계곡물과 바닷물을 페트병에 담아왔습니다. 하지만 병이 섞이며 뭐가 뭔지 알 수 없게 되었는데요. 어떻게 해야 계곡물과 바닷물을 구분할 수 있을까요?

단서
- 계곡물은 육수로 염류가 없다.
- 바닷물은 해수로 염류가 섞여 있다.

❶ 물을 끓여 증발시킨다.   ❷ 물을 시원하게 만든다.

해수

海 水
바다 해   물 수

009

바다에 존재하는 물

지구 표면의 약 70% 이상은 물로 이루어져 있죠. 물은 비열*이 크기 때문에 지구의 온도가 급격히 변하는 것을 막아 주고 지구의 온도를 따뜻하게 유지
어떤 상황이나 상태를 변함없이 보존함시키는 역할을 합니다. 이 중에서도 해수는 바닷물로 지구상 물의 약 97%를 차지합니다. 해수에는 소금을 비롯한 여러 가지 물질들이 녹아 있는데 이런 물질들을 염류라고 하죠. 해수의 약 3.5%는 염류로 이루어져 있습니다. 지구의 물은 계속 순환하고 있기 때문에 염류가 강물을 통해 흘러 들어오기도 하고, 해저 화산 활동으로 해수에 녹아들기도 합니다. 바닷속에서는 화산 활동이 활발하게 일어나기 때문에 해수에는 짠맛을 내는 염류가 많이 포함되어 있어요. 염류는 우리 생활에 꼭 필요한 물질이죠.

*비열(比 견줄 비 熱 더울 열) : 어떤 물질 1g의 온도를 1℃ 높이기 위해 필요한 열

육수 2.8%

해수
97.2%

육수

陸	水
땅육	물수

010

해수를 제외한 육지 표면이나 근처에 존재하는 물

해수를 제외한 육지의 표면이나 땅속에 존재하는 물을 육수라 합니다. 바다의 물이 태양열로 인해 증발*하여 비나 눈의 형태로 땅과 바다에 내리고, 이것이 하천과 호수로 흘러들어가거나 땅속으로 스며들어 지하수가 됩니다. 그후 다시 증발하거나 비나 눈의 형태로 하천을 통하여 바다로 되돌아가지요.

육수의 대부분은 매우 추운 지역에서 빙하의 형태로 존재하고 지하수, 호수와 하천 등에 분포일정한 범위에 흩어져 있음해 있습니다. 육수는 해수와 구성 성분이 달라 염분이 없기 때문에 짠맛이 나지 않으며, 우리 생활의 다양한 곳에서 이용됩니다.

*증발(蒸 찔 증 發 일어날 발) : 액체가 기체 상태로 변하는 현상

육수
총 2.8%

지하수
0.62%

기타
0.03%

해수

빙하 2.15%

정리 좀 해볼게요

✏️ **정답은?** ❶ 물을 끓여 증발시킨다.

해수와 육수의 가장 큰 차이점은 해수에는 염류가 있다는 점입니다. 물을 증발시켜보면 한쪽에는 물에 포함되어 염류만 남게 되지요. 그 물이 바로 해수랍니다.

💡 **핵심은?**

해수	육수
• 바다에서 흐르는 물 • 소금을 비롯한 여러 물질인 염류가 녹아 있음 • 해수에서 염류를 얻어 생활에 필요한 물질로 사용함	• 해수를 제외한 모든 물 • 해수와 구성 성분이 달라 짠맛이 나지 않음 • 농업, 공업 등 우리 생활 다양한 곳에서 사용할 수 있음

❝ 지구에 있는 대부분의 물은 해수로 이루어져 있지! 그 외의 물은 육지의 물!
우리 눈에 흔하게 보이지 않아서 이해는 잘 안되지만,
육지의 물 중에서 가장 많은 것은 빙하라는 것! 그리고 우리가 눈으로
직접 볼 수 있는 강과 호수의 물의 양이 가장 적다는 것! ❞

비는 대기권의 어느 층에서 내리는 걸까요?

난이도 ★★☆

Q 장풍쌤과 풍미니는 기차를 타고 가고 있습니다. 비가 내리는 창밖을 보던 풍미니가 "비는 어디에서 오는 거예요?"라고 질문하네요. 과연 비는 대기권의 어느 층에서 내리는 걸까요?

단서
- 비나 눈이 내리기 위해서는 수증기가 있어야 한다.
- 대기가 불안정하면 대류 운동이 활발히 일어난다.

❶ 중간권　　　　　　　　　　　　　❷ 대류권

대류권

對	流	圈
마주할 대	흐를 류	구역 권

대기권의 가장 아래에 위치한 층

지구는 지표면에서부터 약 1,000km 높이의 공기층이 둘러싸고 있습니다. 이런 공기층을 대기권이라고 하죠. 대기권은 높이에 따른 기온 변화를 기준으로 4개의 층대류권-성층권-중간권-열권으로 구분할 수 있습니다.

대류권은 지표면에서 약 11km까지의 높이로, 대기권에서 지표면과 가장 가까운 층을 말합니다. 대기권에 있는 대부분의 공기가 대류권에 모여 있고 지표면에서 방출한꺼번에 확 내놓음된 열로 인해 고도기준이 되는 해수면에서 물체의 위치까지의 높이가 높아질수록 기온이 낮아집니다.

차가운 공기가 위에 있고, 따뜻한 공기가 아래에 있기 때문에 대기가 불안정하여 대류 운동*이 매우 활발하게 일어납니다. 대기 중에는 수증기를 포함하고 있어 구름, 눈, 비 등의 기상 현상이 활발하게 일어나지요. 우리가 서 있는 이곳도 대류권이에요.

*대류 운동(對 대할 대 流 흐를 류 運 움직일 운 動 움직일 동) : 물질이 이동하면서 열이 전달되는 현상

*계면(界 경계 계 面 낯 면) : 맞닿아 있는 면

오로라

중간권
중간권 계면에서는 기온이 가장 낮게 관측되는 지점이 있으며, 약한 대류 운동이 있고, 기상 현상은 나타나지 않음

오존층

대류권 계면*

대류권
대류 운동으로 구름이 생기고 여러 기상 현상이 나타남

중간권

中	間	圈
가운데 중	사이 간	구역 권

012

대기권 중 성층권과 열권 사이에 위치한 층

중간권은 성층권과 열권 사이인 고도 약 50~80km 사이의 층으로, 고도가 높아질수록 성층권에서 방출되는 에너지의 영향을 덜 받아 기온이 점점 낮아집니다. 또한 지표면으로부터 멀리 떨어져 있어 지표면에서 방출되는 열을 받을 수 없고, 태양 에너지를 직접 받기도 어렵기 때문에 중간권 계면 부근에서는 기온이 가장 낮게 관측되지요.

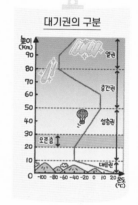

대기권의 구분

중간권에는 공기가 희박해도 고도가 높아질수록 기온이 낮아져 대류 운동이 일어납니다. 하지만 수증기가 거의 없어 기상 현상은 일어나지 않아요. 중간권의 위쪽에는 우주에서 날아온 혜성*에서 떨어진 부스러기 등의 물질이 지구 중력에 이끌려 대기권으로 들어오면서 공기와 마찰에 의해 불타는 유성이 관측되기도 한답니다.

*혜성(彗 별 혜 星 별 성) : 태양 주위를 도는 작은 천체

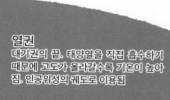

열권
대기권의 끝. 태양열을 직접 흡수하기 때문에 고도가 올라갈수록 기온이 높아짐. 인공위성의 궤도로 이용됨

중간권 계면

유성

성층권 계면

성층권
비행기의 길로 이용되며 태양 열을 흡수하는 오존층의 영향으로 고도가 높아질수록 기온이 높아짐

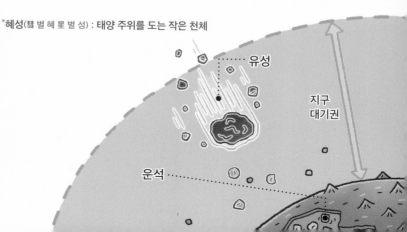

유성

지구 대기권

운석

정리 좀 해볼게요

정답은? ❷ 대류권

대류권과 중간권 모두 높이 올라갈수록 기온이 낮아지기 때문에 대류 운동이 활발하게 일어난답니다. 하지만 대류권은 수증기가 많아서 눈, 비와 같은 기상 현상이 나타나지만, 중간권은 수증기가 없어서 기상 현상이 나타나지 않아요.

핵심은?

대류권	중간권
• 지표면에서 높이 약 11km까지의 대기 • 대기권 대부분의 공기가 모여 있고 수증기가 많음 • 대류 운동과 기상 현상이 활발함 • 고도가 높아질수록 기온이 내려감	• 고도 약 50~80km 사이의 대기 • 공기가 희박하고 수증기가 거의 없음 • 대류 운동은 발생하지만 기상 현상은 없음 • 고도가 높아질수록 기온이 내려감

66 대류권과 중간권은 모두 대류 운동이 일어난다는 공통점을 가지고 있지만
대류권에서는 기상 현상이 일어나고, 중간권에서는 기상 현상이 일어나지 않아.
중간권에는 공기가 희박하고 수증기가 거의 없기 때문이지! 99

두꺼운 나무토막은 무슨 지각일까요?

난이도 ★★☆

Q 두꺼운 나무토막과 얇은 나무토막을 물에 띄워 놓고 서로 부딪히며 가지고 노는 풍미니. 두꺼운 나무토막을 지각에 비유한다면 대륙 지각일까요? 해양 지각일까요?

단서
- 대륙을 이루는 지각을 대륙 지각이라고 한다.
- 해양을 이루는 부분의 지각을 해양 지각이라고 한다.
- 대륙 지각보다 해양 지각의 밀도가 크다.

❶ 대륙 지각

❷ 해양 지각

대륙 지각

大	陸	地	殻
클 대	육지 육	땅 지	껍질 각

013

대륙을 이루는 지각

지구는 크게 대륙 지각과 해양 지각으로 나눌 수 있습니다. 그 중 육지를 이루는 지각을 대륙 지각이라고 하죠. 대륙 지각은 지구의 $\frac{1}{3}$을 차지하며 두께가 약 35km로 아주 두껍습니다. 지구는 6개의 큰 덩어리로 된 대륙 지각으로 이루어져 있어요. 우리가 잘 아는 아시아, 유럽, 아프리카, 북아메리카, 남아메리카, 오세아니아 대륙이 대표적인 대륙 지각이죠.

대륙 지각은 '모호로비치치 불연속면' 지각과 맨틀의 경계을 통해 지구 내부의 맨틀과 구분됩니다. 자세한 내용은 51쪽에서 공부합시다. 대륙 지각은 화강암질 암석으로 이루어져 있어서 밀도*가 비교적 작아요. 그리고 같은 대륙 지각이라도 높은 산맥이 분포하고 있는 곳일수록 두께는 더 두껍답니다.

*밀도(密 빽빽할 밀 度 도구 도) : 물질을 차지하는 빽빽한 정도

만세~!

대륙 지각

모호로비치치 불연속면

맨틀

해양 지각

海	洋	地	殼
바다 해	큰 바다 양	땅 지	껍질 각

014

해양을 이루는 부분의 지각

지구에서 해양을 이루는 부분의 지각을 해양 지각이라고 합니다. 지구의 $\frac{2}{3}$ 를 차지하는 지각으로 바닷속에 있는 대부분의 지각을 말하죠. 두께는 약 5km로 거의 일정하고, 대륙 지각과 마찬가지로 모호로비치치 불연속면을 기준으로 맨틀과 구분됩니다.

해양 지각은 대부분 현무암질의 암석으로 이루어져 있어서 밀도가 커요. 대륙 지각보다 밀도가 훨씬 크기 때문에 해양 지각과 대륙 지각이 서로 충돌하면 해양 지각이 대륙 지각 밑으로 말려들어가 가라앉고 맙니다.

·········· 해양 지각

정리 좀 해볼게요

✏️ **정답은?** ❶ 대륙 지각

대륙 지각은 두께가 약 35km로 아주 두껍고, 해양 지각의 두께는 약 5km로 거의 일정해요. 그래서 풍미니가 가지고 놀던 나무토막 중 두꺼운 나무토막은 대륙 지각에 비유할 수 있지요.

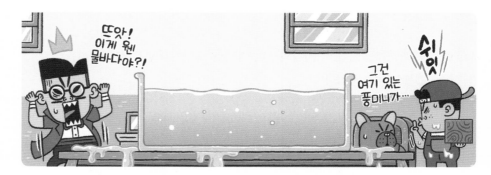

💡 **핵심은?**

대륙 지각	해양 지각
• 지구의 육지를 이루는 지각	• 지구의 해양을 이루는 부분의 지각
• 지구 전체의 $\frac{1}{3}$을 차지	• 지구 전체의 $\frac{2}{3}$을 차지
• 화강암질 암석이 주를 이루고 있어 밀도가 작음	• 현무암질 암석이 주를 이루고 있어 밀도가 큼

❝ 육지를 이루는 대륙 지각은 두께가 두껍고 화강암질 암석으로 되어 있으며,
바다 밑의 지각을 이루는 해양 지각은 두께가 얇고
현무암질 암석으로 되어있다는 것을 꼭 알아 두자! 대륙 지각은 화강암질,
해양 지각은 현무암질! "대화해현!" 이렇게 암기해볼까? ❞

장풍쌤은 결승선에서 누굴 먼저 만날까요?

난이도 ★★★

Q P파와 S파가 달리기 시합을 하는 신상 게임이 출시됐습니다. 땅속에서 열심히 달리는 P파와 S파. 과연 결승선에 있는 장풍쌤은 누구를 더 먼저 만나게 될까요?

단서
- P파는 수평으로 진동한다.
- S파는 수직으로 진동한다.
- P파와 S파의 영어 이름 속에 답이 있다.

❶ P파

❷ S파

P파

Primary Wave
첫 번째의 파동

015

지진이 발생하면서 만들어지는 빠른 속력의 지진파

P파는 지진*이 발생하면 지구 내부를 지나 지진계지진의 진동
을 감지해 지진파를 기록하는 기계에 가장 먼저 기록되는 파입니다. 약
7~8km/s의 속력으로 꽤 빠르죠. 이는 P파가 진행하는 방향
이 진동하는 방향과 같기 때문입니다. 지진이 발생하면 P파
에 의해 땅이 앞뒤로 흔들리기 때문에 피해가 상대적으로 심
하지 않아요. 이러한 특징 때문에 P파를 종파*라고 부르기도
합니다.

또 P파는 고체, 액체 그리고 기체를 모두 통과할 수 있습니
다. 지진이 발생하면 지구 반대편에서도 P파를 관측할 수 있
답니다.

P파의 진행 방향

진동 방향
진행 방향

P파는 용수철을 앞뒤로
움직일 때 나타나는 방
향과 같다.

*지진(地 땅 지 震 흔들릴 진) : 지구 내부의 힘에 의해 땅이 흔들리고 갈라지는 현상
*종파(縱 세로 종 波 물결 파) : 물질의 진동 방향과 파동진동이 주위로 퍼져 나가는 현상의 진
행 방향이 나란한 파

S파
Secondary Wave
두 번째의 파동

016

지진이 발생하면서 만들어지는 비교적 느린 속력의 지진파

S파는 P파보다 속력이 느리며 지진이 발생하면 지진계에 두 번째로 기록되는 파입니다. S파의 속력은 약 3~4km/s 정도 이죠.

S파는 파가 진행하는 방향에 수직으로 진동하고, 진동하는 방향으로 힘을 전달합니다. 따라서 지진이 발생하면 S파에 의해 땅이 위아래로 흔들리게 되죠. 그래서 S파를 횡파*라고 부릅니다. 위아래로 흔들리기 때문에 P파보다 S파에 의한 지진 피해가 훨씬 심해요. 또 S파는 P파와 다르게 고체는 통과할 수 있지만 액체와 기체는 통과하지 못합니다. 이 특성을 이용하여 지구 내부의 외핵이 액체 상태라는 것을 유추공통적인 특성을 가지고 미루어 짐작함할 수 있어요.

S파의 진행 방향

S파는 용수철을 상하 (좌우)로 움직일 때 나타나는 모습과 같다.

*횡파(橫 가로 횡 波 물결 파) : 물질의 진동 방향과 파동의 진행 방향이 수직인 파

정리 좀 해볼게요

📝 **정답은?** ❶ P파

지진이 발생하면 속력이 빠른 P파가 가장 먼저 지진계에 도착하고, 속력이 느린 S파는 두 번째로 도착합니다. 그래서 P파와 S파가 땅속에서 동시에 달리기 시합을 한다면 P파가 먼저 도착하겠죠?

💡 **핵심은?**

P파	S파
• 물질의 진동 방향과 파의 진행 방향이 같은 종파	• 물질의 진동 방향과 파의 진행 방향이 수직인 횡파
• 전파 속도가 빠름	• 전파 속도가 P파보다 느림
• 고체, 액체, 기체를 모두 통과	• 고체만 통과
• 지진의 피해 규모가 작음	• 지진의 피해 규모가 큼

❝ 지진파 P파와 S파의 속력이 달라서 지구 내부의 구조를 확인할 수 있지!
P파는 지구 내부를 끝까지 통과하지만 S파는 끝까지 통과할 수가 없어. 왜 그럴까?
바로 지구 내부에 액체 상태로 존재하는 층이 있기 때문이야. S파는 고체만 통과할 수
있다는 특징 때문에 지구 내부의 외핵이 액체 상태라는 것을 알아낼 수 있어! ❞

풍마니와 풍슬이 중 누구의 말이 맞을까요?

난이도 ★★☆

Q 계곡에 놀러와 수박을 먹던 풍마니가 "수박 껍질은 딱딱하지만 속은 부드러우면서 단단한 게 지구 같아."라고 말하자, "아니야. 지구 내부는 모두 딱딱하게 되어 있어!"라며 반박하는 풍슬이. 과연 둘 중 누구의 말이 맞을까요?

단서
- 지구의 내부는 다양한 물질로 이루어져 있다.
- 지진파가 통과하지 못하는 물질을 기억해 보자.
- 풍슬이 옆에 쌓여 있는 삶은 계란의 단면은 지구 내부의 구조와 비슷하다.

❶ 풍마니 "수박 껍질은 딱딱하지만 속은 부드러우면서 단단한 게 지구 같아."

❷ 풍슬이 "지구 내부는 모두 딱딱하게 되어 있어!"

외핵 外 核
바깥 외 중심 핵

017

핵의 바깥쪽에 위치한 액체 상태로 존재하는 부분

지구의 내부는 지각–맨틀*–외핵–내핵으로 나눌 수 있습니다. 외핵은 맨틀과 내핵 사이에 위치하며, 지표로부터 깊이 약 2,900km부터 약 5,100km까지의 부분을 말하죠. 외핵은 독일의 물리학자 구텐베르크가 지진파를 연구하다가 발견했습니다. 지구상의 한곳에서 지진이 발생하였는데, 액체 물질을 통과하지 못하는 S파가 지구 반대편 지역에 도달하지 않은 것을 보고 지구 내부에 액체 물질로 된 곳이 있음을 알게 된 것입니다. 또한 어느 한곳에서 P파의 속도가 급격하게 느려지는 것을 보고 물체의 상태가 변하는 곳이 있음을 알 수 있었지요. 지진파는 성질이 다른 물질을 만나면 반사 또는 굴절*하거든요. 그리하여 외핵이 액체로 된 것을 알게 되었고, 맨틀과 외핵의 경계면을 '구텐베르크 불연속면' 또는 '구텐베르크면'이라고 부르게 되었답니다.

*맨틀 : 핵과 지각 사이에 위치한 고체 층으로, 지구에서 가장 두꺼운 층
*굴절(屈 굽힐 굴 折 꺾을 절) : 다른 물질을 만나 진행 방향이 휘어 꺾이는 현상

그래 내기
하자!

레만
불연속면

내핵

內	核
안 내	중심 핵

018

핵의 안쪽에 위치한 고체 상태로 존재하는 부분

내핵은 지구 내부의 구조 중 가장 안쪽 중심부에 위치하며, 외핵을 지나온 P파의 속도가 다시 굴절*되어 빨라지는 것을 보아 외핵과는 달리 고체 상태일 것으로 추정확실하지 않은 사실을 짐작해 판단함됩니다.

지표면에서 약 5,100km를 내려가면 외핵과 내핵의 경계가 나타나는데, 이 경계면을 발견한 덴마크 출신 과학자의 이름을 따서 '레만 불연속면' 또는 '레만면'이라고 부르지요. 이로써 지구 내부 구조는 4개로 나눌 수 있으며 그 경계는 각각 '모호로비치치 불연속면', '구텐베르크 불연속면', '레만 불연속면'으로 구분됩니다.

내핵의 온도는 약 4,800℃에 이를 것으로 추정되며, 압력* 또한 매우 높을 것으로 짐작됩니다.

*압력(壓 누를 압 力 힘 력) : 두 물체가 접촉한 부분에 대해 수직으로 누르는 힘

····· 지각

맨틀

외핵

구텐베르크 불연속면

모호로비치치 불연속면

정리 좀 해볼게요

📝 **정답은?** ❶ 풍마니 "수박 껍질은 딱딱하지만 속은 부드러우면서 단단한 게 지구 같아."

지구의 내부는 여러 층으로 구성되어 있고 딱딱한 고체 상태인 지각, 맨틀, 내핵과 액체 상태인 외핵으로 이루어져 있답니다. 따라서 지구 내부가 모두 딱딱하지는 않죠. 풍마니가 내기에서 이겼네요.

💡 **핵심은?**

외핵	내핵
• 맨틀과 내핵 사이에 있는 층 • S파는 통과하지 못함 • 액체 상태	• 지구 가장 깊은 곳에 있는 층 • P파와 S파 모두 통과함 • 고체 상태

> ❝ 지구 내부의 핵은 주로 철과 니켈로 구성되어 있어.
> 핵이 외핵과 내핵으로 나뉜 것은 바로 두 핵이 존재하는 상태 때문이야.
> 내핵은 고체 상태, 외핵은 액체 상태로 존재한다는 것! 그리고 내핵은 지구의 제일
> 안쪽에 존재하기 때문에 가장 밀도가 크고, 압력과 온도가 높다는 것을 잊지 말자! ❞

장풍쌤이 찾은 돌멩이는 무엇일까요?

난이도 ★☆☆

Q 장풍쌤은 계곡에서 특이한 모양의 돌멩이를 찾고 있습니다. 그 순간! '돌멩이 안에 또 다른 돌멩이가 박힌 형태의 돌멩이'가 장풍쌤의 눈에 띄었어요. 장풍쌤이 찾은 이 돌멩이의 정체는 무엇일까요?

단서
- 장풍쌤이 들고 있는 돌멩이의 모양을 잘 보자.
- 계곡의 하류에는 퇴적물이 쌓여 있다.

① 화성암

② 퇴적암

화성암

火	成	巖
불 화	이룰 성	바위 암

019

마그마가 식어서 만들어진 암석

마그마*가 식으면 다시 단단한 암석이 되는데, 이 암석을 화성암이라고 합니다. 화성암에서는 화석을 발견할 수 없습니다. 마그마의 열에 의해 모두 다 녹아버리기 때문이죠. 화성암은 암석을 구성하는 입자들의 성분에 따라서 색깔이 다양하게 나타나기도 하고, 마그마가 식는 속도에 따라 화산암과 심성암으로 나눌 수 있어요. 화산암과 심성암에 대해서는 다음 장으로 가면 배울 수 있어요.

*마그마 : 지하 깊은 곳에서 암석이 지열로 인해 녹아 있는 것

화성암

화성암 중 심성암의 대표적 암석인 화강암이다.

화성암

마그마가 지각을 뚫고 올라올 때 마그마 근처의 강한 압력과 높은 온도로 인해 물리적, 화학적 변화인 변성 작용이 일어난 암석

변성암

퇴적암

堆	積	巖
쌓을 퇴	쌓을 적	바위 암

020

퇴적물이 오랜 시간 동안 다져지고 굳어져 만들어진 암석

암석은 오랜 시간이 지나면서 잘게 부서지고 강물이나 바람에 실려 운반되다가 바다나 호수 바닥에 쌓이죠. 퇴적물*에는 부서진 암석, 생물의 유해죽고 남은 뼈, 물에 녹아 있는 석회물질 등이 섞여 있습니다. 시간이 흘러 이 퇴적물 위에 다른 퇴적물이 계속 쌓이며 다져지고 굳어지면 단단한 암석이 되는데, 이를 퇴적암이라고 한답니다.

퇴적암이 만들어지기까지는 오랜 시간이 걸리며 화석이 발견되는 경우가 많습니다. 그리고 퇴적물이 쌓일 때 생긴 줄무늬를 관찰할 수 있기도 하죠.

*퇴적물(堆 쌓을 퇴 積 쌓을 적 物 물건 물) : 암석의 알갱이가 운반되어 땅에 쌓인 물질

퇴적암

퇴적암의 대표적 암석인 역암이다.

정리 좀 해볼게요

📝 정답은? ② 퇴적암

장풍쌤이 계곡에서 찾은 돌멩이는 암석이 부서져서 생긴 크고 작은 돌멩이들이 오랜 시간 쌓이며 다져지고 굳어진 퇴적암이에요. 계곡의 하류는 퇴적물이 쌓여 퇴적암이 생기기에 적합하답니다.

💡 핵심은?

화성암	퇴적암
• 마그마가 식어서 만들어진 암석 • 구성 성분에 따라 색깔이 다양함 • 마그마가 식는 속도에 따라 화산암과 심성암으로 구분	• 퇴적물이 쌓여 다져지고 굳어진 암석 • 화석이 발견되기도 함 • 줄무늬를 관찰할 수 있음

66 마그마가 굳어져 만들어진 화성암. 퇴적물이 퇴적되어 다져지고 굳어져서 만들어진 퇴적암. 퇴적암은 퇴적물이 쌓이면서 같이 퇴적되는 생물의 유해가 화석으로 발견될 수 있지만, 화성암은 마그마가 굳어져서 만들어지기 때문에 화석이 발견되기 어렵다는 것을 기억하자! 99

돌하르방에 있는 구멍은 어떻게 생긴 것일까요?

난이도 ★★☆

Q 풍's 패밀리는 제주도로 휴가를 떠났습니다. 돌하르방 앞에서 기념사진을 찍던 중 돌하르방에 있는 구멍을 발견했죠. 그 까닭에 대해 아는 체하는 풍마니. 과연 돌하르방에 구멍이 숭숭 뚫려있는 까닭은 무엇일까요?

단서 · 제주도는 화산섬이다.

· 돌하르방은 현무암으로 만든다.

❶ 마그마가 식을 때 생긴 것이다.   **❷** 물에 닿아서 뚫린 것이다.

화산암

火	山	巖
불 화	뫼 산	바위 암

021

마그마가 지표로 분출되어 빠르게 식어 만들어진 암석

화성암은 마그마가 식는 속도에 따라 화산암과 심성암으로 구분됩니다. 그중 화산암은 마그마가 지표지구의 표면나 지표 근처에서 빠르게 식어 만들어진 암석입니다. 지표면에서는 마그마가 식는 속도가 빠르기 때문에 마그마에 녹아 있던 광물*들이 뭉쳐져 큰 알갱이를 만들 시간이 없답니다. 따라서 구성 광물 입자의 크기가 매우 작아 맨눈으로 알갱이를 구별하기가 힘들죠.

대표적인 화산암에는 현무암이 있습니다. 대부분의 현무암에는 크고 작은 구멍이 뚫려 있는데, 이는 마그마가 식으면서 화산 가스가 빠져나가 생긴 것이랍니다. 제주도는 과거에 화산 폭발로 만들어진 섬이기 때문에 화산섬으로 불립니다. 그래서 제주도 곳곳에 현무암이 많고 돌하르방도 현무암으로 만든 것이에요.

*광물(鑛 쇳돌 광 物 물건 물) : 암석을 이루고 있는 작은 알갱이로, 마그마가 식어 결정을 이룬 것

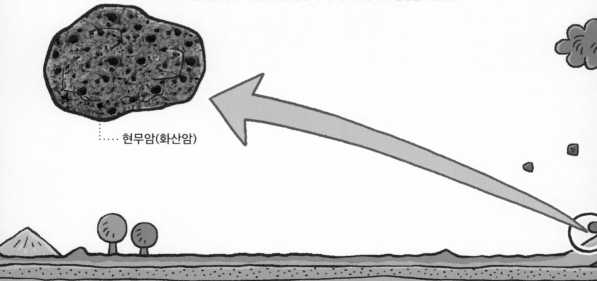

····· 현무암(화산암)

심성암

深	成	巖
깊을 심	이루다 성	바위 암

022

마그마가 지하 깊은 곳에서 서서히 식어 만들어진 암석

심성암은 마그마가 땅속 지하 깊은 곳에서 천천히 식어 만들어진 암석입니다. 지하 깊은 곳은 온도가 높아 마그마의 식는 속도가 느리죠. 그래서 마그마에 녹아 있던 광물들이 뭉쳐 큰 알갱이가 만들어질 시간이 충분합니다. 따라서 구성 광물 입자의 크기가 커서 맨눈으로 알갱이를 구별하기 쉽습니다.

대표적인 심성암에는 화강암이 있습니다. 화강암은 비교적 밝은색 광물을 많이 포함하고 있기 때문에 암석이 밝은색을 띠고 중간중간 어두운색 광물을 포함하고 있습니다.

*용암(鎔 녹일 용 巖 바위 암) : 마그마가 지표로 분출된 것

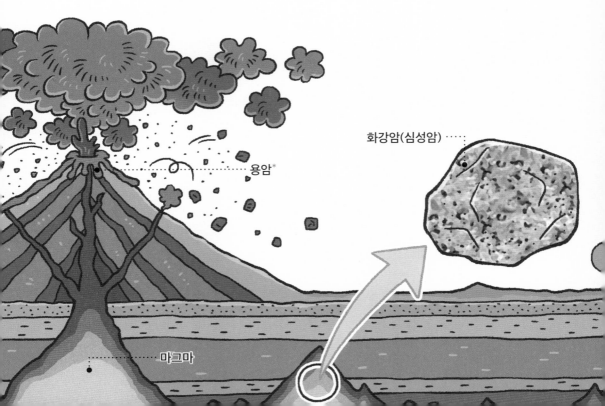

용암*

화강암(심성암)

마그마

정리 좀 해볼게요

정답은?   ❶ 마그마가 식을 때 생긴 것이다.

제주도는 과거에 화산이 폭발하며 마그마가 지표 근처로 흘러나와 빠르게 식어 만들어진 화산섬이에요. 그래서 제주도에는 현무암이 많죠. 이 현무암으로 제주도의 대표적인 상징물인 돌하르방을 만든답니다.

핵심은?

화산암	심성암
• 지표 근처에서 마그마가 빠르게 식어 만들어진 암석 • 암석을 구성하는 알갱이의 크기가 작음 • 대표적인 화산암에는 현무암 등이 있음	• 땅속에서 마그마가 천천히 식어 만들어진 암석 • 암석을 구성하는 알갱이의 크기가 큼 • 대표적인 심성암에는 화강암 등이 있음

❝ 지표 근처에서 빠르게 식어 만들어진 화산암!
지하 깊은 곳에서 천천히 식어 만들어진 심성암! 대부분의 화산암은 마그마가 식으면서
화산 가스가 빠져나가 구멍이 뚫려 있고, 빠르게 식어 입자의 크기가 매우 작지!
심성암은 천천히 식기 때문에 입자의 크기가 크지! ❞

화석을 보러 간 장풍쌤이 먹게 될 점심은 무엇일까요?

난이도 ★★★

Q 주말에 놀러 갈 계획을 세우는 장풍쌤. 백령도와 지리산 투어를 두고 고민하고 있습니다. 화석이 발견될 가능성이 높은 곳에서 점심을 먹고 싶은 장풍쌤은 주말 점심 메뉴로 무엇을 먹게 될까요?

단서
- 백령도에서는 층리, 지리산에서는 주로 엽리를 관찰할 수 있다.
- -
- 층리는 퇴적암, 엽리는 변성암에서 만들어진다.
- -
- 퇴적암에서는 화석이 발견되지만, 변성암에서는 거의 발견되지 않는다.

❶ 짜장면   **❷ 김밥과 컵라면**

층리
層 층 층　理 다스릴 리

023

성질이 다른 퇴적물이 쌓여 나타나는 수평 방향의 줄무늬

지층에는 오랜 시간 동안 다양한 종류와 색깔, 알갱이의 크기를 가진 퇴적물들이 쌓이면서 지층*이 만들어집니다. 그리고 더 오랜 시간이 지나면 이러한 층이 경계를 이루며 줄무늬를 띠게 되지요. 이렇게 다양한 퇴적물들이 바다나 호수에서 층으로 쌓여 형성된 줄무늬를 층리라고 합니다.

층리는 퇴적암에서만 볼 수 있는 독특한 구조로, 우리나라의 백령도와 채석강과 같은 퇴적 지형에서 관찰할 수 있습니다. 층과 층 사이에서는 화석이 된 과거 생물의 흔적도 발견할 수 있답니다.

*지층(地 땅 지 層 층 층) : 운반되어 온 퇴적물이 쌓이고 다져져서 만들어진 층

각 층마다 서로 다른 퇴적물이 쌓여서, 층마다 색이 다르므로 각 층이 경계를 이루어 층리가 형성됨

층리에서 볼 수 있는 화석

엽리 葉 理
잎 엽 다스릴 리

024

구성 입자들이 압력을 받아 압력 방향의 수직으로 나타나는 줄무늬

암석이 높은 열과 압력을 받으면 암석을 구성하고 있는 광물 결정광물을이루고 있는 작은 알갱이이 새롭게 배열됩니다. 이로 인해 압력의 수직 방향으로 생기는 줄무늬를 엽리라고 합니다.

엽리는 광물 결정의 크기나 모양에 따라 편리와 편마 구조로 나눌 수 있습니다. 편리는 광물 결정의 크기가 작을 경우 광물들이 평행으로 배열하여 줄무늬를 띠는 구조이고, 편마 구조는 광물 결정의 크기가 클 경우 광물들이 교대로 불규칙한 띠를 이루는 구조를 말한답니다.

또한 엽리는 높은 열과 압력에 의해 만들어지기 때문에 변성암에서만 나타나는 독특한 구조입니다. 따라서 변성암에서는 과거 생물의 흔적도 모두 녹아 화석이 거의 발견되지 않죠.

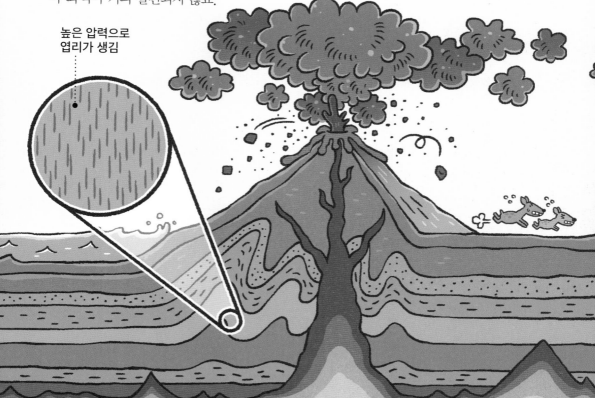

높은 압력으로
엽리가 생김

정리 좀 해볼게요

✏️ 정답은? **① 짜장면**

화석은 과거에 살았던 생물의 유해나 흔적이 퇴적물과 함께 지층이나 암석 속에 남아 있는 것을 말합니다. 따라서 화석을 보고 싶다면 퇴적암이 있는 곳으로 가야 하죠. 층리는 퇴적암에서만 볼 수 있는 독특한 구조이기 때문에 백령도 투어를 가야 화석을 발견할 수 있을 거예요. 장풍쌤은 주말에 짜장면을 먹겠네요.

💡 핵심은?

층리	엽리
• 퇴적물이 쌓여 만들어진 줄무늬 • 퇴적암에서 볼 수 있음 • 화석이 발견됨	• 높은 열과 압력을 받아 만들어진 줄무늬 • 변성암에서 볼 수 있음 • 화석이 거의 발견되지 않음

❝ 층리와 엽리는 모두 줄무늬 모양이지만, 생성 과정이 전혀 달라!
층리는 퇴적 작용, 엽리는 열과 압력에 의한 변성 작용에 의해 생성되기 때문에
층리는 퇴적암, 엽리는 변성암에서 주로 관찰되지! ❞

과거 이 지역은 어떤 지역이었을까요?

난이도 ★★★

Q 풍's 패밀리는 등산을 갔습니다. 주변을 구경하던 풍슬이는 엽리가 있는 돌멩이를 발견했어요. 과연 과거에 이 산은 어떤 지역이었길래 엽리가 있는 돌멩이가 생긴 것일까요?

단서 • 암석이 마그마와 닿으면 성질이 변한다.

• 암석이 높은 열과 압력을 받으면 엽리가 나타난다.

❶ 마그마가 뚫고 들어간 곳   ❷ 판과 판이 충돌한 곳

접촉 변성

接	觸	變	成
이을 접	닿을 촉	변할 변	이룰 성

025

마그마가 암석을 뚫고 들어갈 때 그 주변의 암석의 성질이 변하는 현상

접촉 변성은 높은 온도의 마그마가 암석을 뚫고 들어갈 때 내뿜는 열에 의해서 주변 암석의 성질이 변하는 현상으로 '열변성 작용'이라고도 합니다. 암석의 성질을 결정짓는 데 압력은 큰 영향을 미치지 않죠. 마그마의 열에 의한 영향을 받는 지역에만 나타나기 때문에 비교적 좁은 지역에서 변성 작용이 나타납니다. 또한 암석의 성질이 크게 변하지 않고, 특수한 구조를 가지고 있지 않죠. 접촉 변성이 일어나면 암석의 입자가 녹았다가 다시 굳는 과정에서 입자가 더 치밀하고 단단해진답니다.

대리암

석회암이 접촉 변성에 의해 성질이 변한 암석이다.

규암

사암이 접촉 변성에 의해 성질이 변한 암석이다.

혼펠스

셰일이 접촉 변성에 의해 성질이 변한 암석이다.

접촉 변성 작용을 받은 지역 ⋯⋯⋯⋯•

마그마

광역 변성

廣	域	變	成
넓을 광	지역 역	변할 변	이룰 성

026

오랜 기간 열과 압력을 받아 암석의 성질이 변하는 현상

광역 변성은 넓은 지역에서 일어나는 변성 작용이며, 조산 운동에 의해 기존의 암석이 열과 압력을 받아 오랜 시간에 걸쳐 성질이 변하는 것을 말합니다. 따라서 광역 변성은 대부분 판과 판이 충돌하는 조산 지대를 따라 띠 모양으로 광역 변성대를 형성하고 있답니다. 광역 변성대는 우리나라 조산 운동의 역사를 알 수 있기 때문에 매우 중요해요.

광역 변성의 가장 큰 특징은 '엽리'라고 할 수 있습니다. 엽리는 변성암의 구성 입자들이 납작하게 눌린 줄무늬라고 배웠죠? 압력에 의해 암석이 눌리며 줄무늬가 생기는 거예요.

편마암

퇴적암이 광역 변성 작용에 의해 성질이 변한 암석이다.

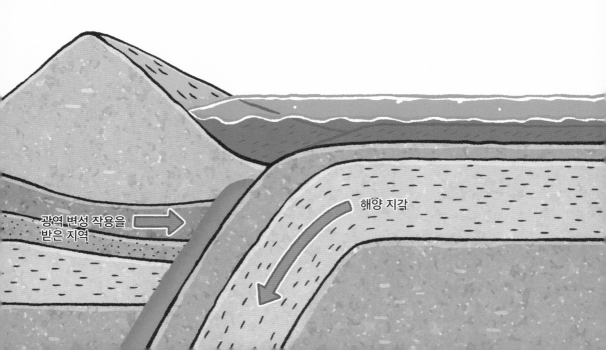

광역 변성 작용을 받은 지역

해양 지각

📝 정답은? ❷ 판과 판이 충돌한 곳

산에서 볼 수 있는 엽리가 있는 돌멩이는 판과 판이 충돌하는 조산 운동에 의해 변성 작용이 일어나 광물의 구조가 변한 모습일 가능성이 아주 크답니다. 열과 압력을 받아 생긴 줄무늬인 엽리는 조산 지대에서만 발견할 수 있는 가장 큰 특징이지요.

💡 핵심은?

접촉 변성	광역 변성
• 마그마가 암석을 뚫고 들어갈 때 주변 암석의 성질이 변하는 것 • 비교적 좁은 지역에서 일어남 • 암석의 구조가 크게 변하지 않음	• 오랜 기간 열과 압력에 의해 암석의 성질이 변하는 것 • 넓은 지역에 광역 변성대를 이루며 일어남 • 암석에 열과 압력이 가해져 엽리가 나타남

❝ 화성암이나 퇴적암과 같은 암석이 높은 열과 압력에 의해서 변성 작용을 받은 암석을 변성암이라고 하지! 변성 작용은 높은 온도의 마그마와 접촉해서 재결정을 만드는 접촉 변성 작용과 넓은 지역의 높은 열과 압력에 의해서 성질이 달라지는 광역 변성 작용으로 나눌 수 있어! ❞

진짜 금은 어느 손에 있는 광물일까요?

난이도 ★★☆

Q 똑같아 보이는 노란색의 광물 두 개를 들고 장풍 신을 찾아온 풍마니. 하지만 하나는 진짜 금, 다른 하나는 금이 아닙니다. 과연 장풍 신은 어느 손에 있는 광물을 진짜 금으로 선택할까요?

단서
- 겉으로 보이는 색이 같더라도 광물 가루의 색은 각각 다르다.
- 풍마니의 오른손에 있는 광물의 가루는 검은색이다.
- 풍마니의 왼손에 있는 광물의 가루는 노란색이다.

❶ 오른손에 있는 광물   ❷ 왼손에 있는 광물

겉보기 색

겉으로 보이는 광물의 색

027

광물을 눈으로 보았을 때 겉으로 보이는 광물의 색을 겉보기 색이라고 합니다. 금, 황동석, 황철석은 겉보기 색이 모두 노란색이고 석영은 흰색에 가까운 무색이지만 불순물순수한 물질에 섞여 있는 이물질이 섞이면 다른 색으로 변하기도 하죠. 이처럼 광물의 종류가 다르더라도 같은 겉보기 색을 가지기도 하고, 광물의 종류가 같더라도 다른 겉보기 색을 가지는 경우가 있습니다. 그래서 겉보기 색만으로는 광물의 종류를 정확하게 구별하기는 어렵죠. 따라서 광물의 종류를 색깔로 구별하기 위해서는 조흔색을 함께 고려생각하고 헤아림해야 한답니다.

겉보기 색

황철석

황동석

조흔색

條	痕	色
가지 조	흔적 흔	색깔 색

028

조흔판에 광물을 긁었을 때 나타나는 광물 가루의 색

광물을 가루로 만들었을 때 나타나는 고유한 색을 조흔색이라고 합니다. 조흔색을 알아보기 위해서는 조흔판이라고 부르는 초벌구이를 한 흰색 도자기 판이 필요합니다. 광물을 조흔판에 긁어보면 광물이 가루가 되어 조흔색이 나타나게 되지요. 조흔색은 외부의 영향을 받지 않고 일정하게 나타나기 때문에 겉보기 색과 다를 수도 있어요. 따라서 조흔색을 이용하여 겉보기 색이 비슷한 광물을 구분할 수 있습니다. 예를 들어 금과 황철석은 모두 겉보기 색이 노란색이에요. 하지만 금의 조흔색은 노란색, 황철석의 조흔색은 검은색이기 때문에 금과 황철석을 정확하게 구분할 수 있답니다.

정리 좀 해볼게요

정답은? **②** **왼손에 있는 광물**

풍마니가 들고 있던 광물의 정체는 바로 금과 황철석입니다. 금과 황철석의 겉보기 색은 모두 노란 색으로 동일하지만 금의 조흔색은 노란색, 황철석의 조흔색은 검은색으로 서로 다르죠. 황철석을 금으로 착각하기 쉽지만 눈에 보이는 게 다가 아니랍니다.

핵심은?

겉보기 색	조흔색
• 광물을 눈으로 보았을 때 겉으로 보이는 광물의 색 • 광물을 정확하게 구분하는 특징이 되기 어려움 • 금과 황철석의 겉보기색은 모두 노란색	• 광물을 가루로 만들었을 때 나타나는 고유의 색 • 광물을 구분하는 고유의 특징이 됨 • 금의 조흔색은 노란색, 황철석의 조흔색은 검은색

> **"** 겉보기 색이 같은 광물을 구별하는 데 가장 좋은 방법은
> 조흔판에 긁어서 광물 가루의 색을 확인해 보는 거야.
> 겉보기 색은 광물을 정확하게 구분하는 특징이 되기 어렵지만,
> 조흔색은 광물을 구분하는 고유의 특징이 되지. **"**

투명한 목걸이를 만든다면 어떤 버튼이 맞을까요?

난이도 ★★☆

Q 암석 박물관의 한쪽에서 뽑기 이벤트를 하고 있습니다. 광물에 포함된 물질을 선택하면 해당 광물이 뽑힌다고 합니다. 투명한 목걸이를 만들고 싶은 풍슬이는 '산소'와 '철' 중 어떤 버튼을 눌러야 할까요?

단서
- 철Fe과 마그네슘Mg을 많이 포함한 광물은 어두운색을 띤다.
- 산소O와 규소Si를 많이 포함한 광물은 밝은색을 띤다.
- 석영은 밝은색을 띠는 광물이다.

❶ 산소

❷ 철

무색 광물

無	色	鑛	物
없을 무	빛 색	광석 광	물건 물

029

무색, 백색과 같이 밝은색을 띠는 광물

암석을 이루고 있는 주요 광물을 조암 광물이라고 합니다. 조암 광물은 구성하고 있는 성분에 따라 밝은색의 무색 광물과 어두운색의 유색 광물로 나눌 수 있습니다.

무색 광물은 철Fe과 마그네슘Mg을 적게 포함하여 색이 거의 없거나 밝은색을 띠고 있습니다. 그리고 대부분 밀도가 작아요. 대표적인 무색 광물에는 석영과 장석이 있습니다. 석영은 산소O와 규소Si로만 이루어져 있는 무색투명한 광물입니다. 따라서 유리나 반도체의 원료어떤 물건을 만드는 데 들어가는 재료로 자주 쓰이죠. 장석은 산소와 규소, 알루미늄Al 등의 성분을 포함하고 있고 흰색이나 옅은 분홍색을 띠며 도자기의 원료로 사용되기도 하는 광물이죠.

유색 광물

有	色	鑛	物
있을 유	빛 색	광석 광	물건 물

030

녹색, 암녹색, 흑색과 같이 어두운색을 띠는 광물

조암 광물 중 철과 마그네슘을 많이 포함하여 어두운색을 띠는 광물을 유색 광물이라고 합니다. 그래서 무색 광물보다 밀도가 크죠.

대표적인 유색 광물에는 감람석, 휘석, 각섬석, 흑운모 등이 있습니다. 감람석은 녹색 빛을 띠는 광물로, 무르기 때문에 잘 깨진답니다. 휘석은 어두운 녹색을 띠는 광물로, 우리 주변에 있는 대부분의 암석을 구성하고 있어요. 각섬석은 짙은 녹색이나 검은색을 띠며 길쭉한 모양으로 쪼개지는 특징이 있고, 흑운모는 검은색을 띠며 전기 절연체*로 쓰이는 광물이랍니다.

*절연체(絕 끊을 절 緣 인연 연 體 몸 체) : 전기가 통하지 않는 물체

감람석 ……

정리 좀 해볼게요

📝 **정답은?** ❶ **산소**

투명한 목걸이를 만들고 싶다면 백색에 가까운 색을 띠는 무색 광물을 뽑아야겠죠? 무색 광물에는 산소O와 규소Si가 많이 포함되어 있고, 석영과 장석이 대표적이랍니다.

💡 **핵심은?**

무색 광물	유색 광물
• 밝은색을 띠는 광물 • 철Fe과 마스네슘Mg을 적게 포함 • 밀도가 작음 • 석영, 장석 등	• 어두운색을 띠는 광물 • 철Fe과 마그네슘Mg을 많이 포함 • 밀도가 큼 • 감람석, 휘석, 각섬석, 흑운모 등

❝ 무색 광물은 밝은색 광물! 유색 광물은 어두운색 광물!
말이 조금 어렵지만 쉽게 외워보자. 유색 광물에 많이 포함되어 있는 원소는
"마! 철입니더~", 무색 광물은 "장! 석영입니더~" 유색 광물의 종류는 "각흑을 휘감아버려~"
이렇게 암기해보자! ❞

풍마니가 찾은 세포는 어떤 세포일까요?

난이도 ★★☆

Q 풍마니는 과학실의 화분 근처에서 초록색의 무언가가 떨어져 있는 것을 발견했습니다. 흐물흐물 종이 같기도 하고 얇은 천 같기도 한 정체불명의 물체. 장풍쌤이 현미경으로 관찰해보니 세포의 모양이 보이네요. 과연 풍마니가 찾은 세포는 어떤 세포일까요?

단서
- 장풍쌤이 현미경으로 본 세포의 모양을 주목하자.
- 동물 세포와 식물 세포의 생김새는 다르다.
- 과학실 뒤쪽에 화분이 있다.

① 식물 세포

② 동물 세포

동물 세포

動	物	細	胞
움직일 동	물건 물	가늘 세	세포 포

031

인간을 포함한 모든 동물을 구성하는 가장 작은 단위

동물 세포는 인간을 포함한 동물을 구성하는 가장 작은 구조이자 기본 단위입니다. 동물 세포는 10~30µm마이크로미터 정도로 크기가 매우 작습니다. 또한 세포막이라고 불리는 얇은 막이 겉을 둘러싸고 있죠. 그 안에는 유전 정보DNA가 담긴 핵과 에너지를 만드는 미토콘드리아 등 세포 소기관*이 있습니다. 동물 세포의 모양은 기능에 따라 다양하고 크기도 일정하지 않죠.

또한 동물은 배설 기관이 발달하여 몸속에서 만들어진 노폐물을 몸 밖으로 내보낼 수 있고, 양분을 스스로 만들어 내지 못해 음식물을 섭취하여 양분을 얻어서 에너지를 낼 수 있어요.

*세포 소기관 : 세포를 구성하며, 세포 안에서 특수한 역할을 하는 작은 기관

동물 세포

핵

미토콘드리아 ······

세포막

같이 좀 봐요.

식물 세포

植	物	細	胞
심을 식	물건 물	가늘 세	세포 포

032

식물을 구성하는 가장 작은 구조이자 단위

식물을 구성하는 기본 단위인 식물 세포는 10~100µm마이크로미터 정도로, 동물 세포보다 크기가 약간 큽니다. 또한 동물 세포와는 다르게 세포벽이 세포를 둘러싸고 있습니다. 세포벽은 세균과 외부 환경으로부터 세포를 보호하는 방호벽어떤 공격으로부터 막아 보호함 역할을 하죠. 이런 세포벽 덕분에 식물 세포는 일반적으로 규칙적인 모양을 유지하고 있습니다.

식물은 동물 세포와는 다르게 배설 기관이 따로 없어 노폐물을 저장하는 액포*가 발달합니다. 오래된 세포일수록 노폐물이 많이 쌓여 액포의 크기도 크답니다. 또 식물 세포에는 엽록체가 존재하기 때문에 광합성*을 통해 양분을 직접 만들 수 있답니다. 세포벽과 엽록체는 식물 세포의 특징이라고 할 수 있는 세포 소기관이죠.

*액포(液 액체 액 胞 세포 포) : 주머니 모양의 세포 기관으로 세포 활동에서 발생한 노폐물 등을 분해하는 역할을 함

*광합성(光 빛 광 合 모일 합 成 이룰 성) : 녹색 식물이 빛에너지를 이용해 이산화 탄소와 물로 양분과 산소를 만드는 과정

식물 세포

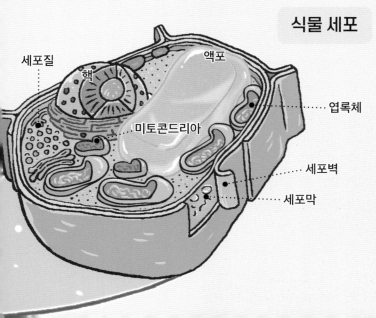

세포질
핵
액포
엽록체
미토콘드리아
세포벽
세포막

82

정리 좀 해볼게요

✎ 정답은? ❶ 식물 세포

현미경 속 세포를 보면 세포벽이 보이죠? 장풍쌤이 현미경으로 보고 있는 것은 식물 세포임을 알 수 있어요. 풍마니가 찾은 것은 화분에서 떨어진 잎사귀가 마른 것이었네요.

💡 핵심은?

동물 세포	식물 세포
• 모든 동물을 구성하는 세포 • 크기와 모양이 다양함 • 세포막이 세포를 둘러싸고 있음 • 양분을 스스로 만들어 내지 못함	• 모든 식물을 구성하는 세포 • 비교적 규칙적인 모양 • 세포벽이 세포를 둘러싸고 있음 • 세포벽과 엽록체가 대부분 존재함

> 동물 세포에는 없고 식물 세포에만 존재하는 세포 소기관인 세포벽과 엽록체.
> 외부 환경으로부터 세포를 보호해 주고, 세포의 모양을 유지시켜 주는 세포벽!
> 식물은 광합성을 통해 양분을 직접 만들기 때문에 엽록체가 꼭 필요하다는 것!
> 세포벽과 엽록체! 잊지 말아줘~

생물의 특징이 다른 하나의 카드는 무엇일까요?

난이도 ★★☆

Q 풍마니와 풍미니는 카드 뽑기 게임을 하고 있습니다. 세균, 버섯, 코끼리, 식물 그림 카드 중 특징이 다른 하나를 풍미니가 뽑아야 한다면, 과연 어떤 카드를 골라야 할까요?

단서
- 각 그림의 생물 분류를 살펴보자.
- 원핵생물은 핵막으로 구분되는 핵이 없다.
- 진핵생물은 핵막으로 구분되는 핵이 있다.

❶ 세균 카드

❷ 버섯 카드

❸ 코끼리 카드

❹ 식물 카드

원핵생물

原	核	生	物
근원 원	씨 핵	날 생	물건 물

033

핵막으로 구분되는 뚜렷한 핵을 가지지 않는 생물

모든 생물은 세포를 가지고 있습니다. 그중 원핵생물은 핵DNA 이 핵막*에 싸여 있지 않은 원핵세포로 이루어진 단세포 생물입니다. 핵이 핵막에 싸여 있지 않기 때문에 유전 물질은 세포질 내에 존재하지요. 또한 원핵생물의 세포 속에는 막으로 싸여 있는 세포 소기관이 존재하지 않습니다. 원핵생물의 세포는 세포벽에 의해 모양이 유지되고, 보호를 받아요.

원핵생물은 스스로 생명을 유지하는 물질대사를 할 수 있고, 생식세포가 없어서 이분법*으로 자손을 만듭니다. 원핵생물은 지구상의 진화 과정에서 최초로 등장한 생물이며, 유산균이나 대장균 등과 같은 세균이 속한답니다.

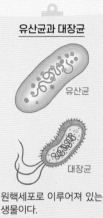

유산균과 대장균

유산균

대장균

원핵세포로 이루어져 있는 생물이다.

*핵막(核 씨 핵 膜 꺼풀 막) : 핵(DNA)을 감싸서 보호하는 막
*이분법(二 둘 이 分 나눌 분 法 법 법) : 세포가 두 개로 나뉘어 생식하는 방법

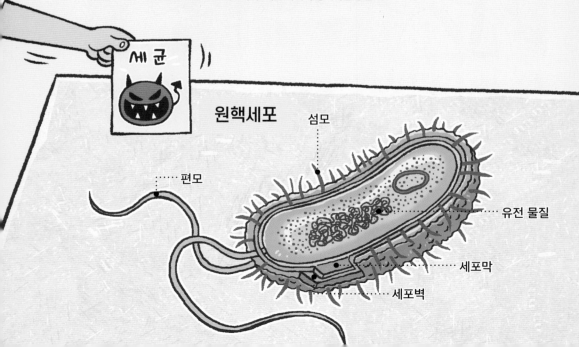

세균

원핵세포

섬모

편모

유전 물질

세포막

세포벽

진핵생물

眞	核	生	物
참 진	씨 핵	날 생	물건 물

034

핵막으로 구분되는 뚜렷한 핵을 가지는 생물

진핵생물은 핵DNA이 핵막에 싸여 있는 진핵세포로 이루어진 생물입니다. 진핵세포는 원핵세포에 비하면 형태가 훨씬 복잡하고 크기도 크죠. 진핵생물의 세포 내에는 미토콘드리아, 리보솜과 같은 다양한 세포 소기관이 존재합니다.

진핵생물은 원핵생물과 마찬가지로 스스로 생명을 유지하는 물질대사를 하지만 암수 개체집단 속 하나의 생물체가 각각 생식세포를 만들고 이들이 결합하여 새로운 개체를 형성하는 방법으로 자손을 만들어 냅니다. 우리 인간도 진핵세포로 이루어진 진핵생물이며, 동물, 식물, 균류버섯, 곰팡이 등도 진핵생물이랍니다.

버섯과 곰팡이

버섯

곰팡이

진핵세포로 이루어져 있는 생물이다.

진핵세포

핵

세포막

핵

엽록체

세포벽

버섯   코끼리   식물

✎ 정답은? ❶ 세균 카드

버섯, 코끼리, 식물은 모두 핵이 핵막에 싸여 있는 진핵생물이랍니다. 하지만 세균은 핵막에 싸인 핵이 없는 단세포 생물로 원핵생물이죠. 따라서 풍마니가 들고 있는 카드 중 세균 카드만 특징이 다른 카드예요.

💡 핵심은?

원핵생물	진핵생물
• 핵막에 싸인 핵이 없음 • 단세포 생물 • 유산균, 대장균 등	• 핵막에 싸인 핵이 있음 • 생식세포를 만들어 번식 • 동물, 식물, 균류 등

❝ 원시적인 핵! 바로 핵막으로 구분되는 핵을 갖고 있지 않은 원핵생물!
하나의 세포지만 생물로서 다양한 기능을 할 수 있지.
핵막으로 구분된 진짜 핵을 갖고 있는 진핵생물은 좀 더 진화된 생물체로,
DNA가 핵막으로 둘러싸여 아주 잘 보존되고 있지! ❞

식물 세포를 보고 장풍쌤이 할 말은 무엇일까요?

난이도 ★★★

Q 풍슬이는 현미경으로 장풍쌤이 보던 식물 세포의 모습을 관찰하고 있습니다. 식물 세포의 모습을 처음 본 풍슬이에게 장풍쌤이 할 말로 올바른 것은 무엇일까요?

단서
- 식물 세포에는 동물 세포에 없는 것이 있다.
- 세포가 규칙적으로 나열된 모습에 주목하자.

❶ "식물 세포와 동물 세포 모두 세포벽으로 둘러싸여 있어."

❷ "식물 세포는 세포벽으로 둘러싸여 있어."

세포막

細	胞	膜
가늘 세	세포 포	꺼풀 막

035

세포를 둘러싸서 세포 안을 주변 환경과 분리해 주는 막

세포막은 세포를 둘러싸고 있는 얇은 막으로 세포의 내부와 외부를 구분해 주고, 세포의 형태를 유지하죠. 또 모든 세포에 존재하며 세포 내부를 보호 하는 역할을 합니다. 만약 세포막이 없다면 세포는 계속해서 바뀌는 세포 밖의 환경에 적응하지 못해 제 기능을 하지 못할 거예요.

세포막은 인지질*과 단백질로 구성되어 있습니다. 이는 세포 안과 밖에 있는 물질이 출입하는 통로가 되어, 필요한 물질은 받아들이기도 하고 세포에서 만든 노폐물을 내보내기도 한답니다.

*인지질(燐 인 인 脂 기름 지 質 바탕 질) : 세포의 환경을 일정하게 유지하는 것을 담당하는 복합 지질

동물 세포의 세포막

세포 외부

콜레스테롤

인지질

단백질

세포질(세포 내부)

세포벽

細	胞	壁
가늘 세	세포 포	벽 벽

036

식물 세포에만 있는 세포의 모양을 유지하는 벽

우리는 앞서 동물 세포와 식물 세포의 차이점에 대해서 배웠습니다. 동물 세포와 식물 세포의 가장 큰 차이점은 바로 세포벽의 존재라고 했죠?
세포벽은 식물 세포의 가장 바깥층을 둘러싸고 있는 두꺼운 막입니다. 대부분의 식물 세포에 존재하며, 동물 세포에는 존재하지 않아서 식물 세포와 동물 세포를 구분할 때 가장 특징이 되는 요소이죠. 세포벽은 세포막에 비해 두껍고 견고굳고 단단하기 때문에 변화하는 주변 환경으로부터 피할 수 없는 식물 세포를 안전하게 보호해 주는 역할을 합니다. 세포벽은 나이가 들수록 두꺼워져요. 그래서 식물의 잎을 만져보면 어린 잎은 얇고 부드럽지만 오래된 잎은 두껍고 뻣뻣한 느낌이 드는 거랍니다.

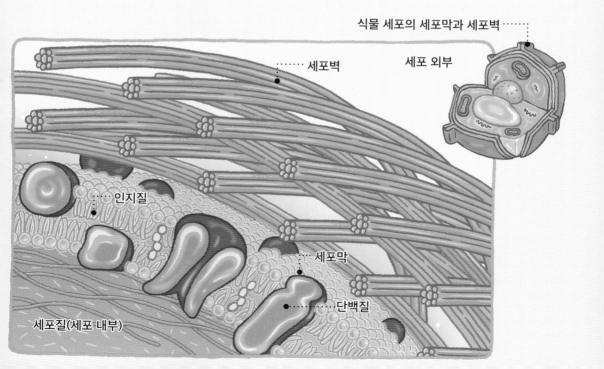

식물 세포의 세포막과 세포벽

세포 외부

세포벽

인지질

세포막

단백질

세포질(세포 내부)

정리 좀 해볼게요

✏️ **정답은?** ② "식물 세포는 세포벽으로 둘러싸여 있어."

식물 세포와 동물 세포를 구별할 수 있는 가장 큰 특징은 세포벽이에요. 세포막은 모든 세포에 있지만 세포벽은 식물 세포에만 있죠. 세포벽 덕분에 식물 세포는 균일한 모양으로 나열된 모습일 수 있는 것이랍니다.

💡 **핵심은?**

세포막	세포벽
• 세포를 둘러싼 막 • 동물 세포와 식물 세포에 모두 존재 • 세포를 보호하고 물질의 출입을 조절해 세포 내 환경을 유지시킴	• 식물 세포를 둘러싼 두꺼운 막 • 식물 세포에만 존재 • 세포를 보호하는 역할을 함

> 모든 세포에 존재하는 세포막. 식물 세포에만 있는 세포벽.
> 세포막은 물질의 출입을 조절하는 역할을 하고, 세포벽은 식물 세포를
> 안전하게 보호해 주는 든든한 역할을 하지! 세포는 정말 꼼꼼한 아이구나!

소의 색깔과 무늬가 다양한 까닭은 무엇일까요?

난이도 ★ ★ ☆

Q 마트에서 풍슬이는 우유를 고르고 있고, 풍마니는 고기를 고르고 있습니다.
그런데 어떤 소는 얼룩 무늬이고, 어떤 소는 뿔이 있고 갈색의 털을 가지고
있네요. 소의 색깔과 무늬가 다양한 까닭은 무엇일까요?

단서 • 우리 주변의 생물들이 다양한 모습을 하고 있는 까닭을 생각해 보자.

    • 생물은 멸종하지 않기 위해 애쓰고 있다.

❶ 다양한 환경에 적응하기 위해서이다.   ❷ 소의 천적이 없기 때문이다.

종 다양성

한 생태계에 얼마나 많은 종이 균등하게 분포하고 있는가를 나타낸 것

037

종 다양성은 하나의 생태계*에 서로 다른 종*이 얼마나 다양하고, 많이 살고 있는지를 의미합니다. 일정한 지역의 범위 내에 서식하는 생물의 종이 얼마나 다양하고 균등하게 분포하고 있는지 등을 따져보는 것이죠. 이때 많은 종의 생물이 비슷한 규모의 개체 수를 가지고 균형을 이루고 생활한다면 종다양성이 높다고 말해요. 우리는 종 다양성이 높을수록 생태계는 안정되었다고 판단한답니다. 왜냐하면 이러한 생태계는 서로 먹고 먹히는 관계가 매우 복잡하고 먹이가 사라져도 다른 동물로 대체 가능하기 때문에 생태계 평형*이 잘 유지되기 때문이지요.

*생태계(生 날 생 態 모습 태 系 맬 계) : 생물이 살아가는 세계
*종(種 씨 종) : 생물을 분류하는 기본 단위로, 생김새와 생활 방식이 유사하고 자연 상태에서 자유롭게 생식 능력이 있는 자손을 낳을 수 있는 무리
*생태계 평형 : 생태계를 구성하는 생물의 종류와 개체 수 등이 크게 변하지 않고 안정된 상태를 유지하는 것

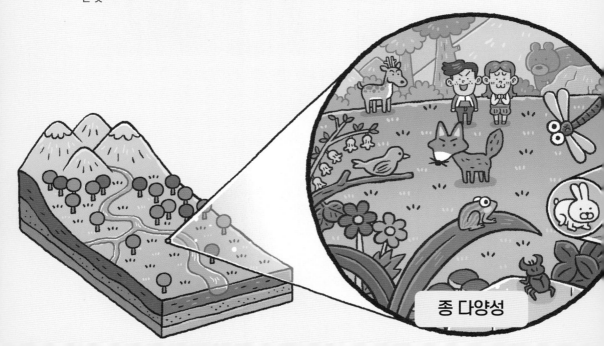

종 다양성

유전적 다양성

같은 종에 속하는 개체들 사이에서 나타나는 유전적 차이가 다양한 정도

038

유전적 다양성은 하나의 종 안에 얼마나 다양한 유전적 특징을 보이는 생물이 존재하는지를 따져보는 것입니다. 생물은 같은 종이더라도 색깔, 크기, 모양 등이 다르게 나타나는데, 이는 개체가 가지고 있는 유전자의 차이에 의해 나타나는 것입니다. 같은 종의 토끼 사이에서도 털 색깔이 다르게 나타나거나 같은 종의 무당벌레 사이에서도 날개의 색깔이나 무늬가 다르게 나타나는 건 모두 그 형질*을 나타내는 유전자가 다르기 때문이죠.

전염병과 같은 급격한 환경 변화가 일어났을 때 유전적 다양성이 낮은 종은 환경 변화에 적응하지 못하고 멸종할 가능성이 큽니다. 하지만 유전적 다양성이 높은 종은 환경 변화에 살아남는 종이 자손을 남겨 생존에 유리하지요.

*형질(形 모양 형 質 바탕 질) : 생물이 가지고 있는 모양 또는 성질

유전적 다양성

정리 좀 해볼게요

정답은? ❶ 다양한 환경에 적응하기 위해서이다.

소는 변화하는 환경에 적응하기 위해서 다양한 유전자를 만들었답니다. 유전적 차이는 같은 종이라도 다양한 모습으로 나타나죠. 소가 얼룩무늬 털, 갈색 털, 검은색 털, 뿔이 있는 모습 등 다양한 모습을 나타내는 까닭이에요.

핵심은?

종 다양성	유전적 다양성
• 생태계에 다양한 종이 균등하게 분포해 있는 것 • 종 다양성이 높을수록 안정된 생태계	• 같은 종 내에서 개체들 사이에 나타나는 유전적 차이의 다양한 정도 • 유전적 다양성이 높을수록 급격한 환경 변화에도 살아남을 수 있음

> 하나의 생태계에서 생물의 종이 다양하게 나타나는 것을 종 다양성이라고 하고,
> 같은 종에서 생김새, 형태, 성질 등이 다양한 것을 유전적 다양성이라고 해!
> 종 다양성은 각 종의 생물들이 얼마나 고르게 분포되어 있느냐도
> 중요하다는 것을 명심하자!

컵 표면에 맺힌 물방울은 어디에서 온 것일까요?

난이도 ★☆☆

Q 풍미니는 물을 마시기 위해 냉장고에서 꺼낸 차가운 물을 따랐습니다. 그런데 시간이 지나자 컵 표면에 물방울이 맺혀 있는 것을 발견했습니다. 과연 이 물방울들은 어디에서 온 것일까요?

단서
- 컵에 담긴 물의 양은 일정하다.
- 컵 안과 밖의 온도는 차이가 많이 난다.
- 기체가 액체로 상태가 변하는 것을 액화라고 한다.

❶ 컵 안쪽에서 새어나온 물   ❷ 컵 바깥쪽에서 달라붙은 물

기화

氣	化
기운 기	될 화

039

액체 상태의 물질이 기체 상태로 변하는 현상

액체가 열에너지를 받으면 입자물질을 구성하는 미세한 크기의 움직임이 활발해지고, 입자들 사이에 작용하던 인력물체가 서로 끌어당기는 힘이 약해져서 입자 사이의 간격은 점점 멀어지게 되죠. 간격이 멀어지면 액체는 기체로 변하게 되는데, 이 현상을 기화라고 합니다. 기화가 일어날 때는 주변의 열을 흡수하기 때문에 주변의 온도가 낮아져요. 이때 흡수하는 열을 '기화열'이라고 하죠.

주사를 맞기 전 소독용 알코올 솜을 피부에 문지르면 시원한 느낌이 들죠? 액체인 알코올이 기화하면서 우리 몸의 열을 빼앗아 가기 때문이에요. 또 젖은 빨래에 있는 물방울들이 공기 중으로 날아가 기체가 되어 빨래가 마르는 것도 기화 현상 중 하나랍니다.

승화
승화
융해
응고

비가 오지 않아 논바닥이 마름

쨍쨍한 햇빛에 젖은 빨래가 마름

액화 液 진 액 化 될 화

040

기체 상태의 물질이 액체 상태로 변하는 현상

기체가 열을 잃으면 입자의 움직임이 둔해지고, 입자들 사이의 인력이 강해져서 간격이 점점 가까워집니다. 인력에 의해 입자가 모이면 기체는 액체로 변하게 되는데, 이 현상을 액화라고 합니다. 액화가 일어날 때는 주변으로 열을 방출하기 때문에 주변의 온도가 높아집니다. 이때 방출하는 열을 '액화열'이라고 하죠.

소나기가 내리기 전에는 날씨가 후텁지근하고 습해요. 기체인 수증기가 액화하면서 열을 방출하기 때문이에요. 또 차가운 물이 들어있는 컵의 표면에 닿은 수증기가 열을 잃고 물방울이 되어 맺히는 것, 이른 새벽에 수증기가 풀잎 위에 닿으며 열을 잃고 이슬*이 되어 맺히는 것도 액화 현상 중 하나랍니다.

액화

*이슬 : 공기 중의 수증기가 기온이 내려가거나 찬 물체에 붙어 엉겨서 생기는 물방울

새벽에 풀잎 위에 이슬이 맺힘

목욕탕 유리에 김이 서림

98

정리 좀 해볼게요

🖊 정답은? ❷ 컵 바깥쪽에서 달라붙은 물

차가운 물이 담긴 컵의 온도는 낮아요. 그래서 컵 주변에 있던 공기는 가지고 있던 열을 컵 표면에 빼앗기고, 액체로 변하면서 컵 표면에 달라붙어요. 컵 표면의 물방울은 바로 컵 바깥쪽에서 수증기의 액화가 일어나서 생긴 물방울이랍니다.

💡 핵심은?

기화	액화
• 액체 상태가 기체 상태로 변하는 현상 • 흡열이 일어나 주변의 온도가 낮아짐 • 젖은 빨래가 마르는 것	• 기체 상태가 액체 상태로 변하는 현상 • 발열이 일어나 주변의 온도가 높아짐 • 차가운 물이 든 컵 표면에 물방울이 맺히는 것

" 액체에서 기체로 상태가 변하는 기화! 기체에서 액체로 상태가 변하는 액화!
기체는 액체보다 입자의 운동이 더 활발하기 때문에 기화에서는 열을 흡수!
액화에서는 열을 방출! 놓치지 말고 생각해 보자. "

치킨 냄새가 퍼진 까닭인 ○○ 현상은 무엇일까요?

난이도 ★★☆

Q 장풍쌤네 집에 풍마니와 풍미니, 풍슬이가 놀러 왔습니다. 들어오자마자 집에서 치킨 냄새가 난다며 수상해하는데요. 장풍쌤은 ○○ 현상 때문에 밖에서 치킨 냄새가 들어온 것 같다고 합니다. 과연 ○○에 들어갈 말은 무엇일까요?

단서 ・냄새는 기체 입자이다.

・기체 입자는 스스로 움직일 수 있다.

① 삼투　　　　　　　　　　　　**②** 확산

확산

擴
넓힐 확

散
흩을 산

041

물질을 이루는 입자가 스스로 운동하며 모든 방향으로 퍼져 나가는 현상

우리 주변의 모든 물질은 매우 작은 입자로 이루어져 있습니다. 입자들은 스스로 움직이려는 성질이 있기 때문에 모든 방향으로 불규칙하게 움직이지요. 이렇게 입자들이 스스로 움직여서 모든 방향으로 퍼져나가는 현상을 확산이라고 합니다. 농도가 높은 곳에서 낮은 곳으로 입자가 이동하지요.

확산은 입자의 질량이 작을수록, 입자의 움직임이 활발할수록 빠르게 일어납니다. 그래서 고체보다는 액체, 액체보다는 기체에서 더욱 잘 일어나고, 같은 물질이라도 온도가 높을 때 잘 일어납니다. 차가 찬물보다 따뜻한 물에서 더 잘 우러나는 것을 보면 알 수 있어요.

냄새가 공기 중에 퍼짐……

차가 물에 우러나는 것은 확산

삼투

渗 透
스며들 삼 투과할 투

042

두 용액의 농도가 다를 때 농도가 낮은 쪽에서 높은 쪽으로 용매가 이동하는 현상

오이나 배추를 소금물에 담가 놓으면 쭈글쭈글해지는 것을 볼 수 있습니다. 오이의 농도와 소금물의 농도가 달라서 오이 속에 있는 물이 농도가 높은 소금물 쪽으로 빠져나가기 때문인데요. 이런 현상을 삼투라고 합니다. 삼투 현상은 용매* 입자만 통과할 수 있는 반투과성 막을 사이에 두고 두 용액*의 농도가 다를 때 농도가 낮은 쪽에서 높은 쪽으로 용매가 이동하는 현상입니다. 셀로판 막과 같은 반투과성 막에는 미세한 구멍이 있어 크기가 큰 입자는 구멍을 통과할 수 없기 때문에 입자의 크기가 큰 용질은 통과하지 못하고, 입자의 크기가 작은 용매만 통과하지요. 이런 반투과성 막의 역할을 하는 게 세포막입니다. 식물에 있는 뿌리털의 세포는 흙 속보다 농도가 높기 때문에 삼투 현상이 일어납니다. 흙 속의 물이 뿌리털로 흡수되어 뿌리 내부로 이동하는 것이죠.

*용매(溶 녹을 용 媒 매개 매) : 용질을 녹여 용액을 만드는 물질
*용액(溶 녹을 용 液 액체 액) : 두 가지 이상의 물질이 균일하게 섞인 혼합물

오이가 쭈글쭈글해지는 것은 삼투

정리 좀 해볼게요

✏️ 정답은? **2 확산**

윗집에 사는 풍식이가 치킨을 시켜 먹고 있었네요. 냄새 입자가 공기 중으로 퍼져나가 장풍쌤네 집까지 들어온 것이었어요. 냄새가 퍼지는 것은 확산의 예입니다.

💡 핵심은?

확산	삼투
• 물질을 이루는 입자가 스스로 운동하여 모든 방향으로 퍼져나가는 현상 • 입자의 질량이 작을수록, 입자의 움직임이 활발할수록 잘 일어남	• 반투과성 막을 사이에 두고 농도가 낮은 쪽에서 높은 쪽으로 용매가 이동하는 현상 • 세포에서는 세포막에 의해 삼투 현상이 일어남

> ❝ 확산과 삼투는 모두 입자가 퍼져 나가는 것이 공통점이지.
> 하지만 확산은 농도가 높은 곳에서 낮은 곳으로 입자가 이동하고,
> 삼투는 농도가 낮은 곳에서 높은 곳으로 용매가 이동한다는 것!
> 어떻게 보면 저농도는 물이 많은 곳이니까 물의 확산이 곧 삼투라고 할 수 있겠다! ❞

탁구공을 펴기 위해 장풍쌤은 무엇을 해야 할까요?

난이도 ★★★

Q 탁구공이 찌그러져 장풍쌤에게 SOS를 청한 풍마니. 아무리 이곳저곳을 눌러봐도 찌그러진 탁구공은 다시 펴지지 않습니다. 탁구공을 동그랗게 펴기 위해서 장풍쌤은 무엇을 해야 할까요?

단서
- 탁구공 안에는 기체로 가득 차 있다.
- 기체는 온도가 높아지면 부피가 증가한다.

❶ 끓는 물에 넣는다.　　　❷ 차가운 물에 넣는다.

보일 법칙

Boyle's Law
보일의 법칙

043

일정한 온도에서 기체의 압력과 부피가 서로 반비례하는 법칙

온도가 일정할 때 기체의 압력과 부피 사이의 관계에 대해 정리한 것을 '보일 법칙'이라고 합니다. 영국의 과학자 보일이 발견한 법칙으로, 온도가 일정할 때 압력이 증가하면 기체의 부피가 감소하고, 압력이 감소하면 기체의 부피가 증가한다는 것이죠.

압력이 1, 2, 3배 증가할 때 기체의 부피는 1, $\frac{1}{2}$, $\frac{1}{3}$배로 감소합니다. 즉 온도가 일정할 때 기체의 부피와 압력은 반비례의 관계를 가집니다.

하늘 높이 날고 있는 비행기 안에서는 과자 봉지가 빵빵하게 부푸는 것을 볼 수 있어요. 비행기 안의 압력이 낮아져 과자 속 기체의 부피가 증가하기 때문이죠. 이것은 보일 법칙의 예랍니다.

압력과 부피의 관계(온도는 일정)

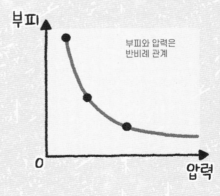

부피와 압력은
반비례 관계

•······ 영국의 과학자 보일

샤를 법칙

Charles's Law
샤를의 법칙

044

압력이 일정할 때 기체의 온도에 따라 부피가 일정한 비율로 변하는 법칙

압력이 일정할 때 기체에 열을 가하면 부피가 팽창합니다. 프랑스의 과학자
샤를은 기체의 온도와 부피 사이의 관계를 증명한 '샤를 법칙'을 만들었죠.
압력이 일정할 때 온도가 높아지면 기체의 부피는 일정한 비율로 증가하고,
온도가 낮아지면 기체의 부피는 일정한 비율로 감소합니다.
찌그러진 탁구공을 뜨거운 물에 넣으면 탁구공이 다시 펴지는 것을 볼 수
있어요. 탁구공 속의 온도가 높아지면서 탁구공 내부에 있는 기체의 부피가
증가하기 때문이죠. 이것이 바로 샤를 법칙의 예입니다.

온도와 부피의 관계(압력은 일정)

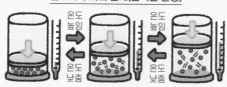

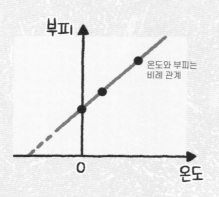

프랑스의 과학자 샤를⋯⋯

정리 좀 해볼게요

✏️ **정답은?** ❶ 끓는 물에 넣는다.

압력이 일정할 때 온도가 높아지면 기체의 부피가 일정한 비율로 증가합니다. 따라서 찌그러진 탁구공을 끓는 물에 넣는다면 탁구공 속에 있던 기체의 부피가 늘어나면서 탁구공 표면을 밀어 다시 동그랗게 펴질 거예요.

💡 **핵심은?**

보일 법칙	샤를 법칙
• 온도가 일정할 때 압력과 기체의 부피 사이의 관계 • 압력과 부피는 반비례 관계	• 압력이 일정할 때 온도와 기체의 부피 사이의 관계 • 온도와 부피는 비례 관계

❝ 기체는 입자 사이의 거리가 매우 멀고, 입자의 운동이 활발하기 때문에
고체와 액체보다 압력과 온도의 영향을 더 크게 받지.
기체의 부피는 압력과 반비례! 온도와 비례한다는 것! 꼭 기억하자! ❞

발열 반응 vs 흡열 반응 | 화학

이글루의 어디에 물을 뿌려야 따뜻해질까요?

난이도 ★★☆

Q 눈이 내린 날 풍's 패밀리는 운동장에서 함께 놀고 있습니다. 이글루 안의 풍미니는 추워서 떨고 있네요. 풍미니를 위해 장풍쌤은 이글루에 물을 뿌려 주려고 합니다. 어디에 물을 뿌려야 풍미니가 따뜻해질 수 있을까요?

단서
- 얼음에 물을 뿌리면 물이 언다.
- 액체가 고체가 될 때, 열이 발생한다.
- 물질의 상태가 변하면서 열이 발생하기도, 열을 흡수하기도 한다.

① 이글루 밖에 물을 뿌린다.　　　　**②** 이글루 안에 물을 뿌린다.

발열 반응

發	熱	反	應
필 발	더울 열	돌이킬 반	응할 응

045

물질의 상태가 변하거나 화학 반응이 일어날 때 열을 방출하는 반응

발열 반응은 단어 그대로 열이 발생하는 반응입니다. 물질의 상태가 변하거나 화학 반응이 일어날 때는 주변으로 열을 방출하기도 하고 흡수하기도 하지요.
물질은 고체, 액체, 기체의 세 가지 상태로 존재하며, 상태 변화는 물질이 고체 ↔ 액체 ↔ 기체 상태로 변하는 현상을 말합니다. 액체가 고체로 변하거나 기체가 액체나 고체로 변할 때는 주변으로 열을 방출하게 됩니다.
또 화학 반응이 일어날 때 반응에 참여하는 반응 물질이 화학 반응의 결과로 만들어진 생성 물질보다 에너지가 높으면, 화학 반응을 하며 남은 에너지가 방출되어 열이 발생하게 됩니다. 따라서 발열 반응이 일어나면 주변의 온도가 높아지게 된답니다.

고체

발

발열의 예시

비가 오기 전에는 공기에 수증기가 늘어나서 후덥지근해

흡열 반응

吸 熱 反 應
마실 흡 더울 열 돌이킬 반 응할 응

046

물질의 상태가 변하거나 화학 반응이 일어날 때 열을 흡수하는 반응

흡열 반응은 발열 반응과 반대로 열을 흡수하는 반응입니다. 물질의 상태가 고체에서 액체나 기체로 변하거나, 액체에서 기체로 변할 때는 주변으로부터 열을 흡수합니다.

또 화학 반응이 일어날 때도 주변으로부터 에너지를 흡수하면, 흡수한 에너지만큼 반응 물질보다 생성 물질의 에너지가 높아지게 되지요. 따라서 흡열 반응이 일어나면 주변의 온도가 낮아지게 된답니다.

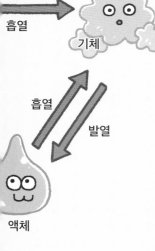

발열
흡열
기체

흡열
발열

액체

흡열의 예시

여름에 땅에 물을 뿌리면 열을 흡수해서 시원해져

정리 좀 해볼게요

📝 **정답은?** ② 이글루 안에 물을 뿌린다.

얼음에 물을 뿌리면 차가운 얼음 때문에 물이 얼죠. 이때 액체인 물이 고체인 얼음으로 상태가 변하면서 열이 발생한답니다. 따라서 이글루 안에 물을 뿌려야 이글루 안이 따뜻해지겠죠?

💡 **핵심은?**

발열 반응	흡열 반응
• 물질의 상태가 변하거나 화학 반응이 일어날 때 주변으로 열을 방출하는 반응 • 액체 → 고체로 변할 때 일어남 • 기체 → 액체, 고체로 변할 때 일어남	• 물질의 상태가 변하거나 화학 반응이 일어날 때 주변으로부터 열을 흡수하는 반응 • 고체 → 액체, 기체로 변할 때 일어남 • 액체 → 기체로 변할 때 일어남

> 발열 반응은 열을 방출하는 반응! 흡열 반응은 열을 흡수하는 반응!
> 발열 반응과 흡열 반응은 상태 변화와 같은 물리적인 변화에서도 나타나지만
> 화학 반응에서도 나타나는 반응이야.

설탕이 녹는 현상을 맞게 말한 사람은 누구일까요?

난이도 ★★☆

Q 풍마니와 풍슬이는 국자에 설탕을 넣고 녹여 달고나를 만들고 있습니다. 설탕이 녹는 것을 보고 풍슬이는 '융해', 풍마니는 '용해'라고 말했어요. 용해와 융해가 헷갈리는 아이들. 과연 맞게 말한 사람은 누구일까요?

단서
- 융해는 물질의 상태가 변하는 것을 말한다.
- 용해는 섞여 녹아 들어가는 것을 말한다.
- 고체가 녹아 액체로 변하는 것은 '용융'이라고도 한다.

① 풍슬이   ② 풍마니

융해

融 녹을 융 　解 풀어질 해

047

고체가 녹아 액체로 변하는 현상

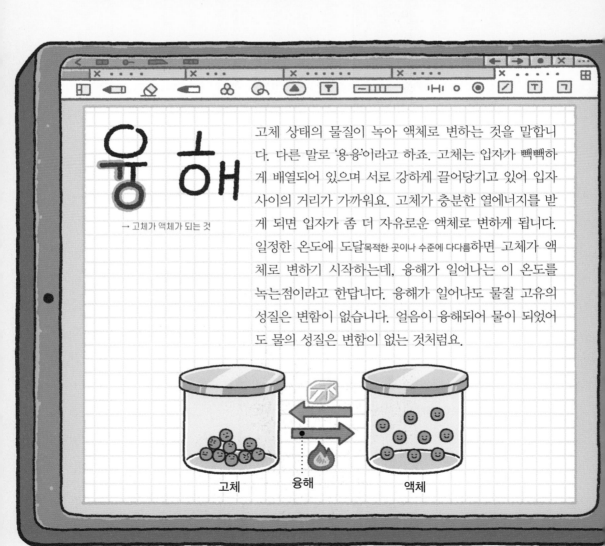

융 해

→ 고체가 액체가 되는 것

고체 상태의 물질이 녹아 액체로 변하는 것을 말합니다. 다른 말로 '용융'이라고 하죠. 고체는 입자가 빽빽하게 배열되어 있으며 서로 강하게 끌어당기고 있어 입자 사이의 거리가 가까워요. 고체가 충분한 열에너지를 받게 되면 입자가 좀 더 자유로운 액체로 변하게 됩니다. 일정한 온도에 도달^{목적한 곳이나 수준에 다다름}하면 고체가 액체로 변하기 시작하는데, 융해가 일어나는 이 온도를 녹는점이라고 한답니다. 융해가 일어나도 물질 고유의 성질은 변함이 없습니다. 얼음이 융해되어 물이 되었어도 물의 성질은 변함이 없는 것처럼요.

고체　　융해　　액체

용해

溶	解
녹을 용	풀어질 해

한 물질이 다른 물질에 녹아 고르게 섞이는 현상

048

용 해

→ 녹아 섞이는 것

용매녹이는 물질에 용질녹는 물질이 녹는 것을 용해라고 합니다. 용매를 이루는 입자끼리의 인력잡아당기는 힘이나 용질을 이루는 입자끼리의 인력보다 용매의 입자와 용질의 입자 사이의 인력이 더 큰 경우 잘 일어납니다.

예를 들어 설탕이 물에 녹는 것은 물 입자 사이의 인력과 설탕 입자 사이의 인력보다 물과 설탕 입자 사이의 인력이 크기 때문입니다.

용해된 물질은 용매의 입자와 용질의 입자가 균일하게 섞인 상태이기 때문에 어느 부분이든 농도가 같습니다.

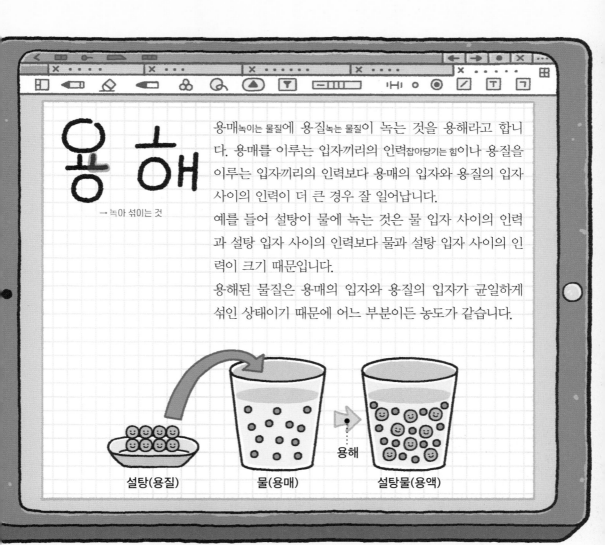

설탕(용질)   물(용매)   용해   설탕물(용액)

114

정리 좀 해볼게요

정답은? ❶ 풍슬이

달고나는 고체인 설탕을 녹였다가 다시 굳힌 거예요. 고체가 녹아 액체로 변하는 것은? 융해죠. 풍슬이가 제대로 알고 있었네요.

핵심은?

융해	용해
• 고체가 녹아 액체로 변하는 것 • 열에너지를 받으면 입자 사이의 인력이 약해지면서 액체로 변함	• 용매에 용질이 녹는 것 • 용매 입자와 용질 입자 사이의 인력이 더 큰 경우 섞이며 녹음

> 융해와 용해는 단어가 굉장히 비슷해서 헷갈릴 수 있지.
> 융해는 고체가 녹아 액체로 변하는 것! 용해는 용매에 용질이 섞여 들어가면서 녹는 것!
> 둘의 차이를 분명히 알아두자!

장풍쌤은 주전자의 물을 버린 범인일까요?

난이도 ★☆☆

Q 풍슬이는 녹차를 마시기 위해 차를 끓이다가 화장실에 갔습니다. 잠시 후 돌아와 보니 주전자에서 끓고 있던 물의 양이 줄었어요. 장풍쌤이 물을 버렸다고 생각하는 풍슬이. 과연 장풍쌤은 범인이 맞을까요?

단서
- 주전자 속 물이 보글보글 끓고 있던 것에 주목하자.

- 주전자의 뚜껑이 어디에 있는지 찾아보자.

- 물이 끓을 때 생기는 김을 잘 보자.

❶ 장풍쌤이 범인이다.   ❷ 장풍쌤은 범인이 아니다.

증발 蒸 찔 증 發 떠날 발

049

액체의 표면에서 입자가 기체로 변하여 공기 중으로 이동하는 현상

증발은 액체의 표면을 구성하는 입자가 기화하면서 공기 중으로 천천히 이동하는 현상을 말합니다. 공기와 닿아 있는 액체 표면의 입자들은 공기 중에서 쉽게 열에너지를 얻기 때문에 입자들이 서로 끌어당기는 힘을 이겨내고 공기 중으로 날아가려고 합니다. 하지만 공기와 닿아 있지 않아 열에너지를 직접 받기 어려운 액체 속 입자들은 서로 끌어당기는 힘을 이겨내기 어렵기 때문에, 공기 중으로 나갈 수 없죠. 그래서 증발은 액체 표면에서만 일어나는 현상입니다.

증발은 입자의 운동이 활발할수록 잘 일어나기 때문에 온도가 높을수록 잘 일어납니다. 또 공기 중에 수증기의 입자가 많이 분포해 있으면 새로운 수증기 입자가 들어갈 공간이 없기 때문에 습도가 낮을수록 증발이 잘 일어난답니다.

증발

액체 표면의 입자가 기체가 되어 공기 중으로 날아간다.

비가 와서 젖은 땅이 점점 마름

젖은 머리카락이 점점 마름

빨리 말라라

끓음

액체가 열 에너지를 받아 표면과 내부의 입자가 기체로 변하는 현상

050

끓음은 액체의 표면뿐만 아니라 내부에서 기포가 발생하면서 빠르게 기화되는 현상을 말합니다. 표면에서만 일어나는 증발과 다르게 주변으로부터 충분한 열에너지를 받고 액체 내부에 있던 입자들까지 에너지를 받아 서로 끌어당기는 힘을 이겨내고 기체가 되어 공기 중으로 빠져나가는 것이죠.
액체가 끓기 시작하는 온도를 끓는점이라고 하는데, 액체가 끓는점에 도달하면 빠르게 기화되기 시작합니다. 액체 상태의 물은 100℃가 되면 끓기 시작해 곧 기체 상태인 수증기가 되어 공기 중으로 날아간답니다.

끓음

액체 표면과 내부에 있던 입자가 기체가 되어 공기 중으로 날아간다.

100℃가 되어 끓는 물

젖은 빨래가 햇빛에 마르는 것은 증발

햇빛에 말려야지!

118

 정리 좀 해볼게요

✏️ 정답은? ❷ 장풍쌤은 범인이 아니다.

풍슬이는 물이 보글보글 끓는 주전자의 뚜껑을 열어놓고 화장실에 갔어요. 끓는점에 다다른 물의 입자는 기체가 되어 공기 중으로 날아간 것이랍니다.

💡 핵심은?

증발	끓음
• 액체 표면에서 입자가 기체로 변해 공기 중으로 날아감 • 온도가 높을수록, 습도가 낮을수록 잘 일어남	• 액체 표면과 내부에서 입자가 빠르게 기체로 변해 공기 중으로 날아감 • 충분한 열에너지가 공급되어야 일어남

66 증발과 끓음의 공통점? 바로 기화라는 것!
액체가 기체로 물질의 상태가 변하는 것을 기화라고 하지.
하지만 증발은 액체 표면에서만 일어나고, 끓음은 외부에서 충분한 열을 받았을 때
표면과 내부 모두에서 일어나는 현상이야~! 99

풍마니가 마술에 이용한 과학적 원리는 무엇일까요?

난이도 ★★☆

Q 풍마니는 야심차게 준비한 마술쇼를 선보이고 있습니다. 상자에 들어간 풍마니의 몸이 사라지고 머리만 내밀고 있어요. 이 마술에는 빛의 과학적 원리가 숨어있습니다. 과연 풍마니가 마술에 이용한 과학적 원리는 무엇일까요?

단서
- 상자 속에는 거울이 들어있다.
- 빛은 곧게 나아가는 성질을 가지고 있다.
- 빛이 다른 물질을 만났을 때 휘어지는 현상을 굴절이라고 한다.

① 빛이 반사하는 성질   ② 빛이 굴절하는 성질

반사

反	射
반대 반	쏘다 사

051

빛이 나아가다가 성질이 다른 물질의 표면에 부딪혀 되돌아오는 현상

빛이 이동하다가 성질이 다른 물질의 표면에 부딪혀 진행 방향이 바뀌어 되돌아오는 현상을 반사라고 합니다.

대표적으로 빛을 반사시키는 것은 거울입니다. 이때 거울에 들어온 빛이 거울 표면과 수직인 선(법선)과 이루는 각을 입사*각이라고 하고, 거울에서 반사된 빛이 법선과 이루는 각을 반사각이라고 하죠. 빛이 반사될 때 입사각과 반사각의 크기는 항상 같답니다. 그래서 거울을 통해 나와 반대편에 있는 사람의 모습을 볼 수 있는 것이죠.

입사각과 반사각

법선

입사각 반사각

입사각과 반사각은 서로 같다.

*입사(入 들 입 射 쏠 사) : 평면에 파동이 들어오는 것

빛의 직진하는 성질

거울은 빛을 반사하는 대표적인 물건

굴절

屈	折
굽힐 굴	꺾을 절

052

서로 다른 두 물질의 경계면에서 빛의 진행 방향이 꺾이는 현상

물속에 잠긴 빨대가 꺾인 것처럼 보였던 경험 다들 있으시죠? 빛이 직진하다가 다른 물질을 만났을 때 경계면에서 진행 방향이 꺾여요. 이런 현상을 굴절이라고 합니다. 보통 빛은 나아가다가 성질이 다른 물질을 만나면 경계면에서 진행 방향이 꺾이며 일부는 반사되고 일부는 굴절되죠.

빛이 굴절될 때 경계면에 수직인 법선과 이루는 각을 입사각, 법선과 굴절된 빛이 이루는 각을 굴절각이라고 합니다. 입사각과 굴절각의 크기는 굴절의 방향에 따라 서로 다르답니다.

컵의 바닥에 놓인 동전이 실제보다 더 떠오른 것처럼 보이는 것도 굴절에 의한 현상입니다. 동전에서 반사된 빛이 물에서 공기 중으로 나올 때 굴절되어 우리 눈에 들어옴으로써 빛의 연장선에 동전이 있다고 생각하는 거예요.

입사각과 굴절각

공기에서 물로 굴절될 때는 입사각이 굴절각보다 더 크다.

빛의 굴절로 꺾여 보이는 빨대

떠오른 것처럼 보이는 동전

공기
물

실제 동전의 위치

정리 좀 해볼게요

✏️ **정답은?** ❶ 빛이 반사하는 성질

상자의 안에는 거울이 비스듬하게 세워져 있고 풍미니는 그 위에 올라가 있어요. 그럼 우리는 거울에 반사된 바닥의 모습을 보게 되는 거지요. 빛이 앞으로 나아가다 거울 표면에 부딪혀 반사되는 원리를 이용한 것이랍니다. 마술에도 과학 원리가 숨어있어요.

💡 **핵심은?**

반사	굴절
• 빛이 이동하다가 성질이 다른 물질의 표면에 부딪혀 되돌아오는 현상 • 거울에 우리의 모습을 비춰보는 것	• 빛이 한 물질에서 다른 물질로 나아갈 때 두 물질의 경계면에서 진행 방향이 꺾이는 현상 • 물속에 잠긴 빨대가 꺾여 보이는 것

❝ 빛은 직진하는 성질을 갖고 있어.
빛이 직진하다가 성질이 다른 물질의 표면에 부딪혀 되돌아오는 현상을 반사!
빛이 서로 다른 두 물질의 경계면에서 진행 방향이 꺾이는 현상을 굴절이라고 해.
둘의 차이점을 확실하게 구분하자! ❞

오목 렌즈 vs 볼록 렌즈 | 물리학

장풍쌤은 어떤 렌즈의 안경을 써야 할까요?

난이도 ★☆☆

Q 멀리 있는 간판이 잘 보이지 않는 장풍쌤. 안경을 새로 맞출 때가 되었네요. 가까이 있는 물체는 잘 보이지만 멀리 있는 물체가 잘 보이지 않는 장풍쌤 은 어떤 렌즈의 안경을 써야 할까요?

단서
- 멀리 있는 물체가 잘 보이지 않는 것은 근시이다.
- 가까이 있는 물체가 잘 보이지 않는 것은 원시이다.
- 오목 렌즈는 빛을 퍼지게 하고, 볼록 렌즈는 빛을 모은다.

① 오목 렌즈 안경

② 볼록 렌즈 안경

오목 렌즈

Concave lens
오목한 렌즈

053

렌즈의 가운데 부분이 가장자리보다 얇은 모양의 렌즈

빛은 렌즈를 통과해 굴절할 때 렌즈의 두꺼운 쪽으로 꺾이는 성질을 가지고 있습니다. 오목 렌즈는 렌즈의 가운데 부분이 가장자리보다 얇아서 오목한 형태를 띱니다. 가장자리가 더 두껍기 때문에 굴절된 빛은 사방여러 방향으로 넓게 퍼져 나가죠. 오목 렌즈로 보는 물체는 실제보다 더 작게 보입니다.

멀리 있는 물체가 잘 보이지 않는 눈을 근시라고 합니다. 눈으로 들어온 빛이 망막*에 정확하게 맺혀야 물체를 또렷하게 볼 수 있지만, 근시는 물체의 상이 망막보다 앞에 맺혀요. 그래서 오목 렌즈를 이용한 안경을 써서 빛이 망막에 맺히도록 도와줘야 하지요.

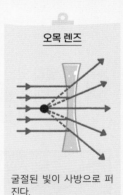

오목 렌즈

굴절된 빛이 사방으로 퍼진다.

*망막(網 그물 망 膜 꺼풀 막) : 눈의 가장 안쪽의 얇고 투명한 막, 상이 맺히는 곳

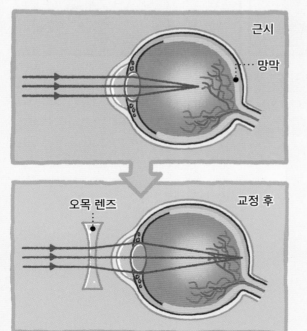

근시

망막

오목 렌즈

교정 후

오목 렌즈 안경을 쓰면 눈이 작아 보임

볼록 렌즈

Convex lens
볼록한 렌즈

054

렌즈의 가운데 부분이 가장자리보다 두꺼운 모양의 렌즈

볼록 렌즈는 가운데 부분이 가장자리보다 두꺼운 모양의 렌즈로, 가운데가 볼록 튀어나온 모양을 하고 있습니다. 빛은 렌즈의 가운데로 굴절하며 굴절된 빛이 가운데 한 점으로 모이게 됩니다. 따라서 볼록 렌즈로 보는 물체는 실제보다 더 크게 보이며, 실제 물체와 볼록 렌즈 사이의 거리가 멀어지면 위아래가 뒤집혀 보이고 거리가 멀어질수록 점점 작게 보인답니다. 가까이 있는 물체가 잘 보이지 않는 눈을 원시라고 합니다. 원시는 물체의 상이 망막보다 뒤에 맺혀요. 그래서 볼록 렌즈를 이용한 안경을 써서 빛이 망막에 맺히도록 도와줘야 합니다. 안경 외에도 볼록 렌즈를 이용한 것으로는 물체를 확대해서 볼 수 있는 돋보기가 있어요.

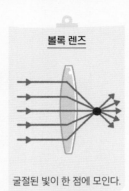

볼록 렌즈

굴절된 빛이 한 점에 모인다.

볼록 렌즈 안경을 쓰면
눈이 커 보임

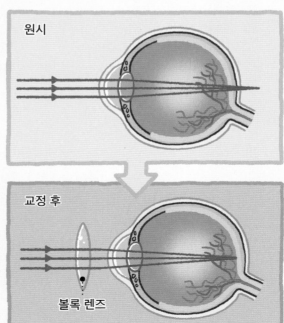

원시

교정 후

볼록 렌즈

정리 좀 해볼게요

📝 정답은? ❶ 오목 렌즈 안경

장풍쌤은 멀리 있는 물체가 잘 보이지 않으니 근시예요. 근시는 초점이 망막보다 앞에 맺히기 때문에 오목 렌즈로 만든 안경을 써서 초점이 망막에 맺히도록 해줘야 멀리 있는 물체의 상을 또렷하게 볼 수 있답니다.

💡 핵심은?

오목 렌즈	볼록 렌즈
• 렌즈의 가운데 부분이 가장자리보다 얇아 오목한 형태를 띠는 렌즈 • 굴절된 빛은 사방으로 넓게 퍼져 나감 • 근시 교정용 안경	• 렌즈의 가운데 부분이 가장자리보다 두꺼워 볼록한 형태를 띠는 렌즈 • 굴절된 빛은 한 점으로 모임 • 원시 교정용 안경

❝ "칠판 글씨가 안 보여요~!" 하면 오목 렌즈를 이용한
근시 교정용 안경을 써야하고, "바로 앞에 있는 책의 글씨가 안 보여요~!" 하면
볼록 렌즈를 이용한 원시 교정용 안경을 써야 하지! 오목 렌즈를 끼면 눈이 더 작아 보이고,
볼록 렌즈를 끼면 눈이 더 커 보이는 건 비밀! ❞

바다에 비친 달빛이 찌그러진 까닭은 무엇일까요?

난이도 ★★★

Q 풍's 패밀리는 밤바다를 구경하고 있습니다. 잔잔하게 치는 파도 위에 밝은 보름달이 비치고 있네요. 그런데 바다에 비친 달빛이 찌그러진 모습이네요. 과연 그 까닭은 무엇일까요?

단서
- 빛은 물체에 부딪히면 반사된다.
- 우리는 물체에 반사된 빛을 눈으로 보는 것이다.
- 파도의 표면에 주목하자.

❶ 바다에 잔잔한 파도가 쳐서   ❷ 너무 먼 거리에 있어서

정반사

正 바를 정   反 반대 반   射 쏘다 사

055

매끄러운 표면에 입사한 빛이 일정한 방향으로 반사되는 것

빛이 직진하다가 다른 물질의 표면에 부딪히면 반사됩니다. 이때 반사 법칙에 따라 표면으로 들어가는 빛이 이루는 입사각과 표면에서 반사되는 빛이 이루는 반사각은 항상 같은데요. 평면에 입사한 모든 빛이 반사 법칙에 따라 반사되는 현상을 정반사라고 합니다.

정반사를 이용하면 물체를 비추어 볼 수 있고, 이때 정반사된 물체를 보기 위해서는 일정한 위치에 있어야 한답니다. 이를 이용한 대표적인 예가 거울이에요.

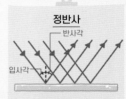

매끄러운 평면에 반사되며, 일정한 방향으로 반사된다.

거울은 정반사를 하기 때문에 거울에 비친 풍미니를 볼 수 있는 사람은 풍슬이이다.

얼굴이 잘 비쳐

물체가 선명하게 비친다.

빛은 일정한 방향으로 반사된다.

난반사

亂 어지러울 난　反 반대 반　射 쏘다 사

056

매끄럽지 않은 표면에 입사된 빛이 여러 방향으로 흩어져 반사되는 것

입사한 빛이 종이나 물결과 같이 거칠고 매끄럽지 않은 표면에 부딪혀 여러 방향으로 흩어져 반사되는 것을 난반사라고 합니다. 우리가 어떤 물체의 모양을 볼 수 있는 것도 물체의 표면에서 난반사가 일어나기 때문이에요.

정반사와 마찬가지로 난반사가 일어날 때도 반사 법칙이 성립하지만, 울퉁불퉁한 표면에서 반사된 빛은 사방으로 흩어지기 때문에 물체가 잘 비치지 않죠.

우리가 영화관에서 어디에 앉더라도 영화를 볼 수 있는 까닭은 스크린의 표면이 고르지 않아서 난반사가 일어나기 때문이랍니다.

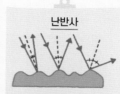

울퉁불퉁한 표면에서 여러 방향으로 반사된다.

영화관 스크린은 난반사를 하기 때문에 어디에 앉아도 같은 화면을 볼 수 있다.

얼굴이 잘 비치지 않네

물체가 선명하게 비치지 않는다.

빛은 여러 방향으로 반사된다.

130

정리 좀 해볼게요

✏️ **정답은?** ❶ **바다에 잔잔한 파도가 쳐서**

잔잔한 파도가 치고 있는 바다의 표면은 매끄럽지 않기 때문에 달빛이 난반사되고 있습니다. 그래서 바다에 비치는 달빛은 매끈한 동그란 모양이 아닌 파도의 표면을 따라 찌그러진 모양으로 보이는 것이랍니다.

💡 **핵심은?**

정반사	난반사
• 빛이 매끄러운 표면에서 일정한 방향으로 나란하게 반사되는 현상 • 물체의 모습을 한 방향에서만 볼 수 있음 • 물체가 선명하게 비침	• 빛이 거칠고 매끄럽지 않은 표면에서 여러 방향으로 흩어져 반사되는 현상 • 물체의 모습을 여러 방향에서 볼 수 있음 • 물체가 선명하게 비치지 않음

❝ 빛이 물체에 반사되어 우리 눈으로 들어오면 그 물체를 인식할 수 있어.
정반사는 반사되는 빛의 방향이 일정해서 특정 위치에서만 반사되는 물체를 볼 수 있지만,
난반사는 영화관 스크린처럼 반사되는 빛의 방향이 흩어지면서
물체를 모든 방향에서 볼 수 있지! ❞

물에서 수소H 한 개가 떨어져도 물이 될 수 있을까요?

난이도 ★★☆

Q 물은 수소H 두 개와 산소O 한 개로 이루어져 있습니다. 물을 구성하는 원자들이 서로 손을 잡고 놀고 있네요. 그런데 수소 하나가 떨어져 혼자 놀고 싶어합니다. 과연 수소 하나가 떨어져도 물이 될 수 있을까요?

단서
- 분자는 물질이 가진 성질을 유지할 수 있는 최소 단위이다.
- 물의 분자식은 H_2O이다.

❶ 물이 될 수 있다.　　　　❷ 물이 될 수 없다.

원자 原 子
근원 원 · 아들 자

물질을 이루는 가장 작은 단위

물질을 이루고 있는 가장 작은 단위로 화학 반응을 통해 물질을 더 이상 쪼갤 수 없을 때까지 작게 쪼갠 입자를 원자라고 합니다. 원자의 중심에는 (+)극을 띠고 있는 원자핵이 있고, 그 주변에는 (-)극을 띠는 전자*가 분포하고 있습니다. 이들은 서로 균형을 이루고 있어요. 그래서 원자는 중성*이죠. 예를 들어 물H_2O은 수소 원자H 2개와 산소 원자O 1개로 이루어져 있어요.

원자와 헷갈리는 개념에 원소가 있습니다. 원소는 물질을 이루는 성분을 말해요. 물은 수소 원소와 산소 원소, 2가지의 원소로 이루어져 있답니다.

원자

(+)극의 원자핵과 (-)극의 전자로 이루어져 있다.

*전자(電 번개 전 子 아들 자) : 원자핵 주변에 존재하는 기본 입자
*중성(中 가운데 중 性 성질 성) : 서로 반대되는 두 성질 중 어느 쪽도 아닌 중간적 성질

각 개인은 원자에 비유할 수 있다.

분자

分 子
나눌 분 아들 자

058

물질의 고유한 성질을 유지할 수 있는 가장 작은 입자

물질의 고유한 성질을 유지할 수 있는 가장 작은 입자를 분자라고 합니다. 분자는 쪼개져서 다시 원자가 될 수도 있고, 어떤 원자들끼리 결합되어 있느냐에 따라 성질이 변하기도 해요.

예를 들어 물 분자는 H_2O예요. 수소 원자H 2개와 산소 원자O 1개로 이루어져 있는 것이죠. 만약 수소 원자 1개가 떨어져 나가서 수소 원자 1개와 산소 원자 1개만 결합되어 있으면 물의 고유한 성질을 잃어버리게 되고 더 이상 물이라고 할 수 없어요. 이처럼 원자들이 모여 물질의 성질을 갖게 되는 것이 분자입니다.

분자

물(H_2O)

이산화 탄소(CO_2)

물질의 고유한 성질을 유지할 수 있는 가장 작은 입자이다.

풍's 패밀리

주말 야구 모임

…… 작은 모임은 분자에 비유할 수 있다.

먹방 모임

134

 정리 좀 해볼게요

정답은? ❷ 물이 될 수 없다.

물H_2O은 수소 원자 2개와 산소 원자 1개가 결합한 분자입니다. 그런데 수소 원자 1개가 혼자 놀겠다고 떠나버린다면 더 이상 물 분자 구조를 이루지 못하기 때문에 물이라고 할 수 없답니다. 수소 원자 2개와 산소 원자 1개가 결합해야만 완전한 물이 될 수 있어요.

핵심은?

원자	분자
• 물질을 이루는 가장 최소의 단위 • 물을 이루고 있는 원자는 수소H 2개, 산소O 1개	• 물질의 고유한 성질을 유지할 수 있는 최소의 단위 • 물 분자는 H_2O

> 물질을 쪼개고 쪼개면 가장 작은 단위의 원자가 남게 돼.
> 원자들끼리 결합하면 고유한 성질을 갖는 분자가 되지.
> 결합하는 원자의 개수와 종류에 따라 분자는 달라지고, 다른 성질을 갖게 된다는 것.
> 그래서 원자의 수보다 분자의 수가 훨씬 더 많다는 것도 알아 두자!

비커에 섞인 용액의 양은 어떻게 될까요?

난이도 ★★★

Q 장풍쌤은 200ml의 비커에 물 100ml와 에탄올 100ml를 섞는 실험을 하고 있습니다. 과연 두 용액을 섞었을 때 비커에서 용액이 가득 차게 될까요?

단서
- 물과 에탄올을 구성하는 입자의 크기는 다르다.
- 입자와 입자 사이에는 빈 공간이 있다.

❶ 용액이 가득 찬다. ❷ 용액이 가득 차지 않는다.

연속설

물질을 계속 쪼개면 없어진다는 가설

059

연속설은 아리스토텔레스가 주장한 가설입니다. 모든 물질은 계속 쪼갤 수 있고, 그러다 보면 사라지게 된다는 가설이지요. 이 세상에 아무것도 없는 공간은 없으며 그 공간에도 눈에 보이지 않는 미세하게 쪼개진 입자가 존재하기 때문에 세계는 빈 공간 없이 가득 차 있다고 주장했습니다. 예를 들어 공기 사이에는 빈 공간이 없기 때문에 압축하면 공기들끼리 뭉쳐져서 진해진다고 생각하였습니다.

당시의 아리스토텔레스는 유명한 과학자이기도 했고, 사람들은 눈에 보이지 않는 입자의 존재에 대해서 믿지 않았기 때문에 2000년간 아리스토텔레스의 연속설이 보편적인 이론으로 받아들여졌었습니다.

연속설

공기를
압축

공기

부피가 감소,
공기가 진해짐

공기 입자 사이의 공간이 좁아지며 부피가 감소한다.

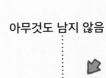

아무것도 남지 않음

아리스토텔레스

입자설

물질을 계속 쪼개면 더 이상 쪼갤 수 없는 가장 작은 입자가 된다는 가설

060

입자설은 고대 과학자 데모크리토스가 주장한 가설입니다. 모든 물질을 계속 작게 쪼개나가다 보면, 더 이상 쪼갤 수 없는 가장 작은 입자가 된다고 주장하였죠. 데모크리토스는 세계는 입자와 입자 사이의 빈 공간으로 구성된다고 말했습니다. 가장 작은 입자가 바로 원자이지요. 하지만 입자설은 당시에는 받아들여지지 않았습니다. 그 시기에는 눈으로 관찰할 수 있고, 눈에 보이는 것만을 진리로 여겼기 때문이죠. 그러다 근대에 와서 과학자 보일이 'J자관 실험'으로 입자설을 입증하였습니다.

입자설(J자관 실험)

공기 J자관 수은
빈 공간 공기 입자

① J 모양의 관에 수은을 넣어 높이를 측정한다.
② 그 후 수은을 더 넣는다.
③ J 모양 관의 빈 공간에 있던 공기의 부피가 줄어들고 수은의 높이가 높아졌다. → 공기는 입자로 이루어져 있고, 사이에 빈 공간이 압력에 의해 줄어들었기 때문이다.

더 이상 쪼갤 수 없는 입자

데모크리토스

정리 좀 해볼게요

🖊 **정답은?** ❷ **용액이 가득 차지 않는다.**

입자 사이에는 빈 공간이 있고, 에탄올 분자의 크기는 물 분자의 크기보다 작습니다. 따라서 에탄올 100ml와 물 100ml가 섞여도 물 분자 사이로 에탄올 분자가 들어가기 때문에 200ml 비커에 가득 차지 않고 200ml보다 적은 양이 되지요. 이는 모든 물질은 가장 작은 입자로 구성되어 있다는 입자설을 증명할 수 있는 실험이랍니다.

💡 **핵심은?**

연속설	입자설
• 아리스토텔레스가 주장 • 물질을 계속 쪼개면 사라짐	• 데모크리토스가 주장 • 물질을 계속 쪼개면 더 이상 쪼개지지 않는 가장 작은 입자로 존재함

❝ 아리스토텔레스는 물질을 쪼개다 보면 결국 사라진다는 연속설을 주장했고, 데모크리토스는 더 이상 쪼갤 수 없는 가장 작은 입자가 남는다는 입자설을 주장했지! 고대의 과학자들은 원자의 존재를 몰랐기 때문에 근대에 와서야 보일에 의해 입자설이 증명되었어! ❞

주기율표에서 네온Ne의 자리는 어디일까요?

난이도 ★★★

Q 오늘은 주기율표에 대해 배워보는 시간입니다. 장풍쌤은 풍마니에게 네온의 특징이 적힌 종이를 건네며 네온의 자리를 찾는 퀴즈를 냈어요. 과연 칠판에 그려진 주기율표에서 네온의 자리는 어디일까요?

단서 ・네온의 질량은 플루오린과 비슷하다.

・네온은 아르곤처럼 매우 안정적이기 때문에 다른 물질과 잘 반응하지 않는다.

❶ ㉠   **❷** ㉡

주기

週 期
돌 주　기다릴 기

061

원소 주기율표에서 가로줄

화학자들은 생물을 분류하듯 원소도 분류할 수 있을 거라고 생각했답니다. 그래서 원소들을 원자의 번호 순원자핵 속의 양성자 수로 원자 번호가 정해짐으로 가로로 배열하고 비슷한 성질의 원소를 세로로 배열해 표를 만들었어요. 이를 주기율표라고 하죠.

주기율표에서 가로줄을 주기라고 합니다. 현재 주기율표에는 7개의 주기가 있어요. 같은 주기에 있고 가까이에 있는 원소끼리는 비슷한 질량을 가지고 있어요. 두 번째 줄, 즉 2주기에 있는 플루오린F과 네온Ne은 비슷한 질량을 가지고 있는 원소이죠.

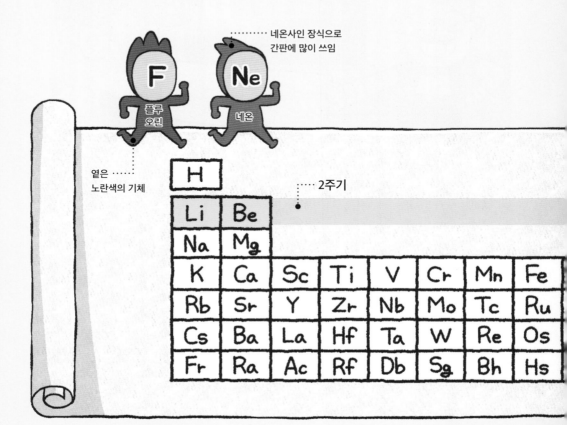

네온사인 장식으로
간판에 많이 쓰임

옅은
노란색의 기체

2주기

족

族
무리 족

062

원소 주기율표에서 세로줄

주기율표에서 세로로 같은 줄에 있는 원소를 묶어 족이라고 부릅니다. 현재까지 발견된 주기율표에는 18개의 족이 있고 같은 족에 속하는 원소들은 화학적인 성질이 비슷해요.

예를 들어 1족에 속하는 원소는 수소H를 제외하고는 알칼리 금속으로, 다른 금속에 비해 반응성이 크고 비슷한 성질을 가지고 있답니다. 주기율표에서 같은 2주기 원소인 산소O와 탄소C는 비슷한 질량을 가졌지만 각각 16족, 14족에 속하기 때문에 성질이 완전히 달라요.

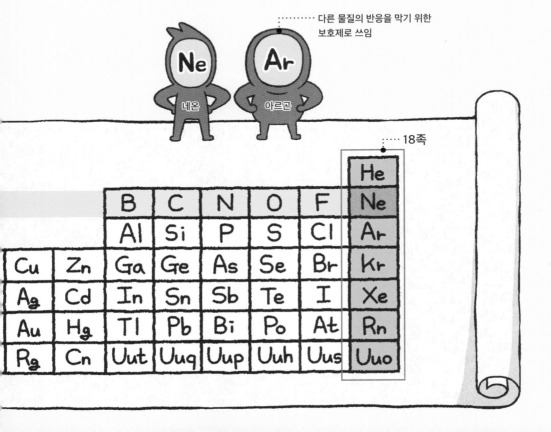

다른 물질의 반응을 막기 위한 보호제로 쓰임

정리 좀 해볼게요

✏️ 정답은?   ① ㉠

네온은 플루오린과 질량이 비슷하기 때문에 플루오린과 같은 2주기 원소입니다. 그래서 네온은 플루오린과 가로로 같은 줄에 위치하죠. 또한 아르곤과 성질이 비슷하다고 했으니 아르곤과 같은 18족의 원소이고, 세로로 같은 줄에 위치합니다. 따라서 네온의 자리는 ㉠이랍니다.

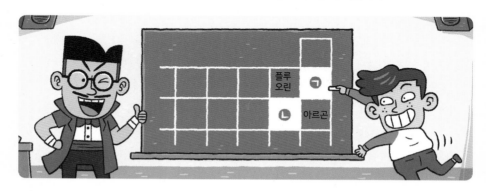

💡 핵심은?

주기	족
• 주기율표의 가로줄 • 현재까지 7주기 • 가로로 인접한 원소의 질량이 비슷함	• 주기율표의 세로줄 • 현재까지 18족 • 세로로 인접한 원소의 성질이 비슷함

66 봄, 여름, 가을, 겨울 4계절처럼 원소들도 일정한 주기를 갖고 있다고 해서
'주기'라고 하고, 봄에는 씨앗, 여름에는 꽃을 떠올리는 것처럼 각 주기에
공통적인 성질을 갖는 것을 우리는 '족'이라고 해!
원소들은 이렇게 주기적으로 족끼리 같은 성질을 갖게 되지! 99

금속 원소와 비금속 원소의 자리를 색칠해 보세요.

난이도 ★★☆

Q 주기율표에 있는 원소는 크게 금속 원소와 비금속 원소로 분류할 수 있습니다. 장풍쌤이 나눠준 주기율표에 금속 원소는 초록색, 비금속 원소는 파란색으로 직접 색칠해 보세요.

단서
- 금속 원소는 주기율표 상에서 대부분 왼쪽과 가운데에 위치한다.
- 비금속 원소는 주기율표 상에서 오른쪽에 위치한다.

뒷장에 직접 색칠해보세요.

금속 원소

金	屬
쇠 금	무리 속

063

금속의 성질을 가진 원소

주기율표의 원소는 크게 금속 원소, 비금속 원소, 준금속 원소로 나눌 수 있습니다. 그 중 금속 원소는 금속의 성질을 가진 원소로, 주기율표 상에서 왼쪽과 가운데에 위치하고 원소의 대부분을 차지한답니다.

금속 원소는 주로 상온사람이 일상생활을 하는 온도에서는 고체 상태로 존재합니다. 그렇지만 예외적으로 수은*은 상온에서 액체 상태로 존재하죠. 금속 원소는 열과 전기가 잘 통하고, 녹는점과 끓는점이 비교적 높습니다. 그리고 빛을 반사하여 고유의 광택을 내는 특징을 가지고 있답니다.

*수은(mercury) : 상온에서 액체 상태로 존재하는 금속 원소로, 독성을 가지고 있음

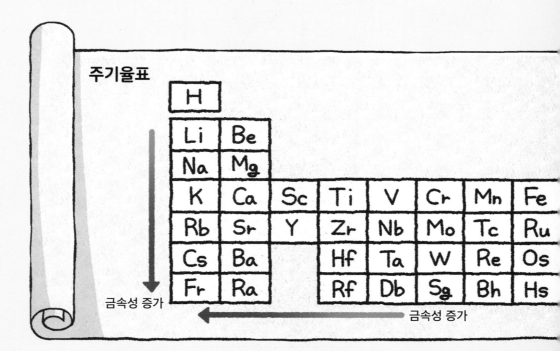

비금속 원소

非	金	屬	**064**
아닐 비	쇠 금	무리 속	

금속과 준금속 원소에 속하지 않는 원소

비금속 원소는 금속이나 준금속금속과 비금속의 중간 성질을 갖는 원소에 속하지 않는 원소입니다. 대부분 주기율표의 오른쪽에 위치해 있죠.

비금속 원소는 상온에서는 대부분 기체 상태로 존재합니다. 금속 원소와는 다르게 열이나 전기가 거의 통하지 않고, 금속 특유의 광택이 없습니다. 또 끓는점과 녹는점이 비교적 낮죠.

주기율표 상의 원소 중에서는 매우 적은 양을 차지하지만, 우리 생활 속에서는 주로 지각이나 생명체를 이루는 원소로 매우 중요한 역할을 한답니다.

비금속성 증가 →

						He
B	C	N	O	F	Ne
Al	Si	P	S	Cl	Ar

Cu	Zn	Ga	Ge	As	Se	Br	Kr
Ag	Cd	In	Sn	Sb	Te	I	Xe
Au	Hg	Tl	Pb	Bi	Po	At	Rn
Rg							

비금속성 증가 ↑

정리 좀 해볼게요

✏️ 정답은?

금속 원소는 주기율표의 대부분을 차지하고 있답니다. 주기율표의 가운데와 왼쪽에 위치해 있죠.
비금속 원소는 주기율표의 오른쪽에 위치해 있어요.

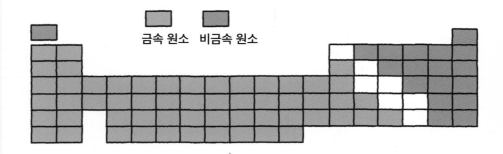

□ 금속 원소 ■ 비금속 원소

💡 핵심은?

금속 원소	비금속 원소
• 금속의 성질을 가진 원소로 주기율표의 대부분을 차지함 • 열과 전기가 잘 통하고, 녹는점과 끓는점이 비교적 높음 • 금속 고유의 광택을 가지고 있음	• 대부분 주기율표의 오른쪽에 위치함 • 열과 전기가 통하지 않고, 녹는점과 끓는점이 비교적 낮음 • 금속 고유의 광택이 없음

> 원소는 크게 금속 원소와 비금속 원소로 구분할 수 있어! 금속 원소는 상온에서
> 대부분 고체 상태로 존재하고, 비금속 원소는 상온에서 대부분 기체로 존재하지.
> 금속 원소는 열과 전기가 매우 잘 통한다는 것도 잘 알아 두자!

땀을 흘린 장풍쌤이 마셔야 할 것은 무엇일까요?

난이도 ★ ★ ★

Q 장풍쌤과 풍마니는 헬스장에서 열심히 운동을 하고 있습니다. 두 사람은 땀을 많이 흘렸더니 목이 마른데요. 수분을 빠르게 보충하기 위해서 두 사람은 무엇을 마시는 게 더 좋을까요?

단서
- 우리 몸속에는 여러 종류의 이온이 들어있다.
- -
- 우리 몸은 항상 일정한 농도의 이온을 유지한다.
- -
- 땀을 흘리면 나트륨 이온, 염화 이온 등이 몸 밖으로 빠져나간다.
- -

❶ 이온 음료

❷ 물

양이온 陽 양지 양 | Ion 이온

중성 원자가 전자를 잃어 (+)전하를 띠는 입자

원자는 (+)전하*를 띠는 원자핵과 (—)전하를 띠는 전자로 이루어져 있고 중성을 유지합니다. 전자가 이동해 중성 원자가 전자를 잃거나 새로운 전자를 얻으면 전하를 띠는 입자로 변하는데 이를 '이온'이라고 하죠. 중성 원자가 전자를 잃으면 입자 안에 (+)전하량이 많아지며, 입자는 (+)전하를 띠게 됩니다. 이를 양이온이라고 해요. 금속 원자들은 대부분 전자를 잃고 양이온이 되려는 성질을 가지고 있습니다. 양이온은 원소 이름 뒤에 '~ 이온'을 붙여 불러요. 예를 들어 대표적인 양이온인 나트륨은 Na^+로 표시하고 '나트륨 이온'이라고 부르죠.

*전하(電 전기 전 荷 메다 하) : 물체가 띠고 있는 전기적 성질

양이온

원자핵 / 전자

중성 원자가 전자를 잃으면 양이온이 된다.

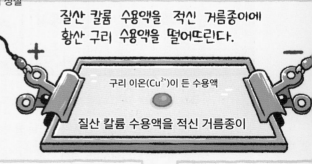

질산 칼륨 수용액을 적신 거름종이에 황산 구리 수용액을 떨어뜨린다.

구리 이온(Cu^{2+})이 든 수용액

질산 칼륨 수용액을 적신 거름종이

구리 이온 (Cu^{2+})은 양이온이야

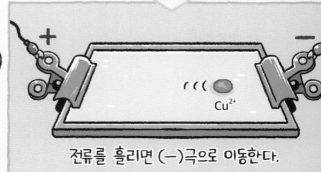

Cu^{2+}

전류를 흘리면 (—)극으로 이동한다.

음이온

陰
음지 음

Ion
이온

066

중성 원자가 전자를 얻어 (-)전하를 띠는 입자

중성 원자가 전자를 얻으면 입자 안에 (−)전하량이 많아지고, 입자는 (−)전하를 띠게 됩니다. 이를 음이온이라고 불러요. 양이온의 반대 개념이지요.

비금속 원소들은 대부분 전자를 얻어 음이온이 되려는 성질을 가지고 있습니다. 음이온은 원소 이름 뒤에 '~화 이온'을 붙여 부릅니다. 예를 들어 산소 원자에 두 개의 전자가 들어가 음이온이 된 이온은 O^{2-}로 표시하고, '산화 이온'이라고 부른답니다.

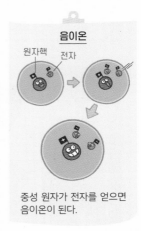

음이온

원자핵   전자

중성 원자가 전자를 얻으면 음이온이 된다.

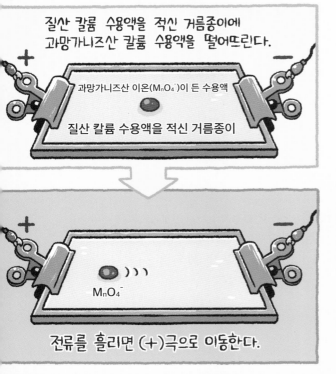

질산 칼륨 수용액을 적신 거름종이에 과망가니즈산 칼륨 수용액을 떨어뜨린다.

과망가니즈산 이온(MnO_4^-)이 든 수용액

질산 칼륨 수용액을 적신 거름종이

MnO_4^-

전류를 흘리면 (+)극으로 이동한다.

과망가니즈산 이온 (MnO_4^-)은 음이온이지

150

 정리 좀 해볼게요

✏️ 정답은? ❶ 이온 음료

우리 몸속에는 여러 가지 이온이 들어있어요. 이 이온은 생명을 유지하는 데 중요한 역할을 하기 때문에 항상 일정한 농도를 유지해야 하죠. 땀을 흘리면 나트륨 이온Na⁺과 염화 이온Cl⁻ 등이 몸 밖으로 빠져나갑니다. 이때 다양한 이온이 들어 있는 이온 음료를 마시면 빠져나간 이온을 빠르게 보충할 수 있습니다.

💡 핵심은?

양이온	음이온
• 원자가 전자를 잃어 (+)전하를 띠는 이온	• 원자가 전자를 얻어 (−)전하를 띠는 이온
• 대부분 금속 원소	• 대부분 비금속 원소
• '~ 이온'을 붙여 부름	• '~화 이온'을 붙여 부름

❝ 원자는 원자핵의 (+)전하량과 전자의 (−)전하량이 같아서 전기적으로 중성이지만
원자가 좀 더 안정해지기 위해서는 전자를 내보내기도 하고 받아들이기도 해!
전자를 잃으면 양이온! 전자를 얻으면 음이온! 잘 기억해 두자! ❞

전해질 조명을 켜기 위해서 무엇이 필요할까요?

난이도 ★ ★ ★

Q 천둥이 치고 비가 오는 밤. 잠들기 무서운 풍마니는 조명을 켜고 자려고 합니다. 하지만 전해질이 흘러야만 켜지는 오리 조명은 아무리 해도 켜지지 않네요. 조명을 켜기 위해 풍마니에게 필요한 것은 무엇일까요?

단서
- 전해질 조명은 물에 전류가 흘러야 불이 켜진다.
- 물에 전류를 흐르게 하기 위해서는 전해질이 필요하다.
- 부엌에 가면 찾을 수 있다.

❶ 설탕

❷ 소금

전해질

電	解	質
전기 전	풀 해	물질 질

067

수용액 상태에서 전류가 흐르는 물질

순수한 물에는 전류가 흐르지 않습니다. 하지만 물에 어떤 물질을 녹여 수용액* 상태로 만든 후 전기를 흘려보냈을 때 전류가 흐르기도 하는데요. 이런 물질을 전해질이라고 합니다. 전류가 흐르기 위해서는 전해질의 전하를 띤 입자가 자유롭게 움직이며 전하를 운반해야 하죠.

전해질은 고체 상태에서는 (+)전하와 (−)전하가 강하게 연결되어 있어 전류가 흐를 수 없지만, 물에 녹으면 양이온과 음이온으로 나뉘어 용액에 퍼지게 됩니다. 이때 용액에 전류를 흘려주면 (+)전하는 (−)극으로 이동하고, (−)전하는 (+)극으로 이동하며 전류가 흐르게 되는 것이죠. 대표적인 전해질은 소금입니다. 소금NaCl을 물에 넣으면 나트륨 이온인 Na^+와 염화 이온인 Cl^-로 분해되어 전류가 흐르죠.

전해질

전해질은 물에 녹으면 양이온과 음이온으로 나뉜다.

*수용액(水 물 수 溶 녹을 용 液 진액 액) : 물질이 물에 녹아 있는 상태

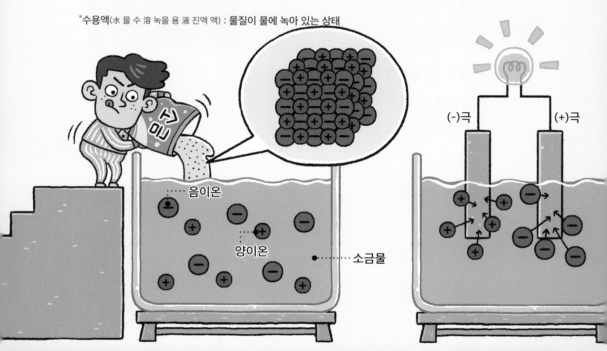

음이온

양이온

소금물

(−)극   (+)극

비전해질

非	電	解	質
아닐 비	전기 전	풀 해	물질 질

068

수용액 상태에서 전류가 흐르지 않는 물질

고체 상태와 액체 상태뿐만 아니라 수용액 상태가 되었을 때 모두 전류가 흐르지 않는 물질입니다. 비전해질은 전해질과 다르게 물에 녹아도 이온으로 나누어지지 않고 중성 분자 그대로 존재하죠. 따라서 전류를 흘려주어도 아무 반응이 없습니다.

대표적인 비전해질 물질에는 설탕, 알코올, 녹말* 등이 있답니다.

*녹말(綠 푸를 녹 末끝 말) : 전분이라고도 하는 탄수화물의 일종

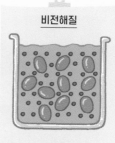

비전해질

비전해질은 물에 녹아도 중성을 유지한다.

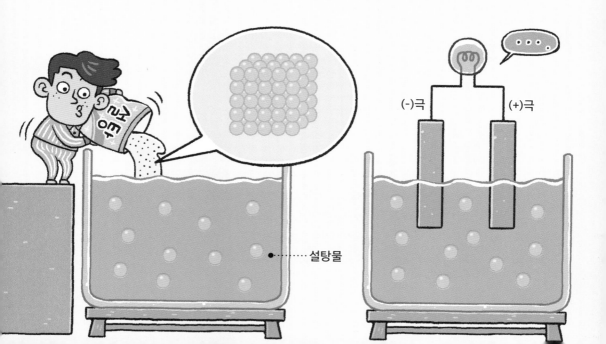

(-)극   (+)극

설탕물

정리 좀 해볼게요

📝 **정답은?** ❷ 소금

전류가 흐르게 하기 위해서는 전해질을 물에 녹여야 합니다. 대표적인 전해질에는 소금NaCl이 있답니다.

💡 **핵심은?**

전해질	비전해질
• 수용액 상태에서 전류가 흐르는 물질 • 중성을 유지하다가 물에 녹으면 양이온과 음이온으로 나뉨 • 소금 등	• 수용액 상태에서 전류가 흐르지 않는 물질 • 물에 녹아도 중성을 유지하며 전하를 띤 입자로 나뉘지 않음 • 설탕, 알코올 등

" 전해질은 물에 녹아 양이온과 음이온으로 나뉘어!
양이온은 (-)극으로, 음이온은 (+)극으로 이동해서 전류가 잘 흐르게 되는 거야.
하지만 비전해질은 물에 녹아도 이온이 존재하지 않아서 전류가 흐르지 않아!
차이점을 잊지 말자! "

어떤 냄비의 손잡이가 더 뜨거울까요?

난이도 ★☆☆

Q 부엌에서 함께 요리하고 있는 풍마니와 풍슬이. 풍마니가 사용하는 냄비의 손잡이는 나무로 되어있고, 풍슬이가 사용하는 냄비의 손잡이는 알루미늄으로 되어있습니다. 다음 중 어떤 냄비의 손잡이가 더 뜨겁게 달궈질까요?

단서
- 손잡이가 어떤 물질로 되어있는지 자세히 보자.
- 금속은 전기나 열이 잘 통한다.
- 종이, 나무 등은 열이 잘 통하지 않는다.

❶ 풍마니가 사용하는 냄비의 손잡이　　❷ 풍슬이가 사용하는 냄비의 손잡이

도체

導 통할 도
體 몸 체

069

전기나 열을 잘 전달하는 물체

금속과 같이 전기 저항*이 작아 전류가 잘 흐르는 물질을 도체라고 합니다. 도체 안에는 자유롭게 움직일 수 있는 자유 전자가 많아요. 그래서 전류와 열이 흐를 수 있죠.

구리나 알루미늄과 같은 도체는 전선의 재료로 이용됩니다. 구리는 열전도율이 높고 가공이 쉬우며, 비용이 저렴하다는 특징이 있기 때문에 전선은 대부분 구리로 만들죠. 알루미늄은 구리보다 전도성열이나 전기가 물체를 이동하는 성질이 좋지 않지만 구리보다 가벼워서 고압선에 주로 이용됩니다. 이외에도 금, 철 등과 같은 금속이 도체에 속한답니다.

*전기 저항(電 번개 전 氣 기운 기 抵 막을 저 抗 겨룰 항) : 전류의 흐름을 방해하는 성질, 자유 전자가 이동할 때 원자들과 부딪치면서 생기는 저항

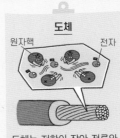

도체

원자핵   전자

도체는 저항이 작아 전류와 열이 잘 흐른다.

클립

쇠못

철사

동전(구리)

철캔

알루미늄 호일

클립

알루미늄캔

에나멜(구리)

가위(철)

도체

부도체

不	導	體
아닐 부	통할 도	몸 체

070

전기나 열을 잘 전달하지 못하는 물체

전기 또는 열에 대한 저항이 매우 커서 전류가 흐르지 못하는 물질을 부도체라고 합니다. 금속과 달리 부도체에 있는 전자들은 원자에 묶여 있어 자유 전자가 없기 때문에 전류가 잘 흐르지 못하죠. 종이, 나무, 유리, 고무 등이 부도체에 속해요.

우리가 쓰는 물건들은 대부분 도체와 부도체가 적절하게 섞여 있습니다. 예를 들면, 냄비는 도체로 만든 냄비 그릇에 나무나 플라스틱 등을 이용하여 손잡이를 붙여 만듭니다. 우리가 손잡이를 잡았을 때 뜨겁지 않도록 하기 위해서죠.

부도체

원자핵

전자

부도체는 전기 저항이 커 전류와 열이 흐르지 않는다.

도체

플라스틱

유리

고무줄

가위
(세라믹)

나무젓가락

종이컵

빨대

가위
(플라스틱)

지우개

천

셀로판

정리 좀 해볼게요

정답은? ❷ 풍슬이가 사용하는 냄비의 손잡이

나무 손잡이는 부도체이기 때문에 열과 전기가 흐르지 않습니다. 하지만 알루미늄 손잡이는 열과 전기가 잘 통하는 도체이죠. 따라서 풍슬이 냄비의 손잡이는 열에 의해 달궈져서 매우 뜨거울 거예요.

핵심은?

도체	부도체
• 열이나 전기를 잘 전달하는 물질 • 자유 전자가 많음 • 금, 구리, 철 등	• 열이나 전기가 잘 전달되지 않는 물질 • 자유 전자가 없음 • 나무, 플라스틱, 종이 등

> 전류의 흐름을 방해하는 저항이 매우 작은 도체와
> 저항이 매우 커서 전류가 흐르지 못하는 부도체!
> 서로 다른 성질을 가진 이 물체들을 우리 주변에서 한번 찾아보자!

풍마니와 풍슬이 중 누구의 말이 맞을까요?

난이도 ★★☆

Q 장풍쌤 자동차의 배터리가 나갔는지, 시동이 걸리지 않네요. 풍마니는 "배터리에 흐르는 전류가 흘러나와서 감전된 거야."라며 걱정하였고, 풍슬이는 "아니야. 배터리에 흐르는 전류가 흘러나와서 방전된 거야."라고 했습니다. 과연 둘 중 시동이 걸리지 않는 까닭을 바르게 알고 있는 사람은 누구일까요?

단서
- 건전지가 닳는 것은 방전이라고 한다.
- 몸에 전기가 흐르는 것은 감전이라고 한다.

❶ 풍마니   ❷ 풍슬이

방전

放 놓을 방　電 전기 전

전기가 외부로 흘러나오는 현상

071

물체가 전기적 성질을 잃어버려 중성이 되는 것을 방전이라고 합니다. 일반적으로 건전지 등에 더 이상 전류가 흐르지 않을 때를 말합니다.

번개와 오로라 또한 일종의 방전 현상이라고 할 수 있습니다. 번개는 대기 중 서로 다른 전기를 띤 구름 사이에서 생기는 순간적인 방전 현상이고, 오로라는 태양에서 방출된 전자나 양성자가 대기 중의 질소, 산소 등의 입자와 부딪혀 빛을 내는 방전 현상이죠. 또한 손가락과 문 손잡이 사이에서 '찌릿' 하는 경우가 있죠? 이것은 문 손잡이에 정전기*가 생기며 공기 중으로 방전되는 것이랍니다.

*정전기(靜 고요할 정 電 전기 전 氣 기운 기) : 전하를 띠지 않는 물체를 마찰할 때 전자가 이동하여 전기가 흐르는 현상

방전

스마트 기기의 배터리 방전

번개는 순간적인 방전 현상

오로라는 전자가 대기로 방전되는 현상

정전기

감전   072

통합 감 전기 전

인체에 전류가 흘러 상처를 입거나 충격을 느끼는 일

전류가 사람의 몸을 타고 흘러 상해^{상처를 내어 해를 끼침}를 입히는 현상을 감전이라고 합니다. 물은 전기가 잘 흐르는 성질을 지녔다고 배웠죠? 우리 몸의 약 70퍼센트는 물이 차지하고 있어요. 그래서 사람의 몸을 타고 전류가 흐를 수 있죠. 만약 몸에 물이 묻어 있는 상태로 전류가 흐르는 전선을 잘못 만지면 몸에 전류가 흘러서 목숨을 잃을 수도 있어요.

길을 가다보면 전깃줄 위에 새들이 앉아 있는 모습을 볼 수 있죠? 새들은 공중에서 같은 전선을 두 다리로 동시에 잡고 있기 때문에 전류가 흐르지 않아서 안전해요. 하지만 사람은 새처럼 공중에 떠 있을 수 없기 때문에 다른 물체에 몸을 붙인 채로 전선을 잡게 되면 감전될 수 있어서 매우 위험하답니다.

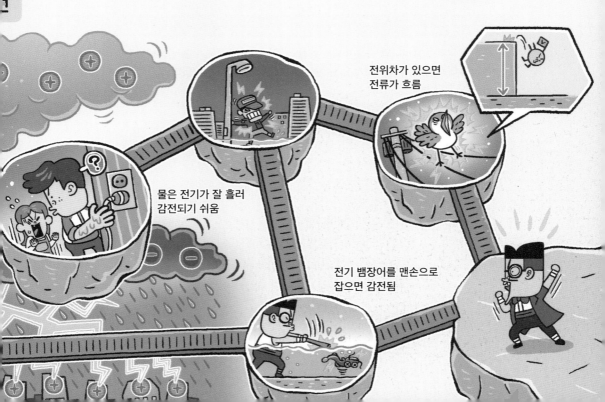

정리 좀 해볼게요

정답은? ❷ 풍슬이

자동차에도 커다란 건전지인 배터리가 들어가는데, 시간이 지날수록 배터리에서 전기가 외부로 흘러나와 방전된답니다. 하지만 자동차 배터리는 방전이 되어도 충전하면 다시 전류가 흘러 사용할 수 있죠.

핵심은?

방전	감전
• 전기가 외부로 흘러나와 중성이 되는 현상 • 전지에 더 이상 전류가 흐르지 않는 현상 • 번개, 오로라 현상 등	• 인체에 전류가 흘러 상해를 입는 현상 • 손에 물이 묻어있다면 전기 저항이 낮아 감전될 위험이 큼

> 방전은 외부로 전기가 흘러나가서 생기는 현상으로 방치할 때의 '방'자를 쓴 거야.
> 전기가 흘러나가도록 방치한 거지!
> 감전은 전기가 통하는 현상! 감각 기관의 '감'자를 써서
> 전기를 받아들인다는 의미로 해석하면 돼!

그림에서 흐르는 물은 무엇에 비유할 수 있을까요?

난이도 ★★☆

Q 물레방아에서 흐르는 물을 구경하는 장풍쌤과 풍마니. 높은 곳에서 물이 떨어지며 물레방아가 돌아가는 모습을 보고 무엇인가 떠오른 풍마니가 패드에 그림을 그리고 있습니다. 과연 풍마니가 그린 그림에서 '흐르는 물'은 무엇에 비유한 것일까요?

단서
- 물레방아는 높은 곳에서 물이 떨어질 때의 힘으로 돌아간다.
- 전압은 전류를 계속 흐르게 하는 힘이다.
- 전류는 전하의 흐름이다.

① 전압

② 전류

전압

電	壓
전기 전	누를 압

073

전기 회로에 전류를 흐르게 하는 능력

휴대 전화나 시계의 건전지에는 1.5V, 6V 등의 표시가 있고,
전기 기구를 연결하는 콘센트에도 220V의 표시가 있죠. 이
때 V는 전압을 의미합니다. 전압은 전기 회로에 전류를 흐르
게 하는 능력이에요. 단위는 V볼트를 사용합니다.
전기가 흐르는 과정을 펌프로 물을 끌어올려 물레방아를 돌
리는 과정을 통해 알아볼까요? 펌프가 물을 높은 곳으로 끌
어올리면 물의 높이 차이에 의해 물이 흐르면서 물레방아가
돌아가게 됩니다. 이때 '흐르는 물'은 전류에 비유할 수 있고,
'물이 흐를 수 있는 원동력이 되는 물의 높이 차에 의한 수압'
을 전압에 비유할 수 있어요.

물레방아를 통한 전압 비유

높이의 차이
= 전압

물의 흐름
= 전류

피스톤을 누르는 힘 = 전압

물 = 전류

통의 크기 = 배터리 크기

누르는 힘은 전압
물은 전류와 같아

힘이 더 서
=전압

전류

074

電 流
전기 전 | 흐를 류

전하가 이동하는 흐름

전기 현상을 일으키는 물질의 성질을 '전하'라고 하고, 전하의 흐름을 전류라고 합니다. 전류가 흐른다는 것은 전하를 띤 입자, 즉 자유 전자들이 일정한 방향으로 이동한다는 뜻이죠. 전류의 세기는 A암페어, mA밀리암페어 단위를 사용합니다. 원자핵은 (+)전하를 띠며, 전자는 (−)전하를 띱니다. 따라서 전자는 (−)극에서 나와서 (+)극으로 이동하죠. 그러나 과거 과학자들은 전자의 존재를 몰랐기 때문에 전류의 방향을 전지의 (+)극에서 (−)극으로 흐른다고 약속하였어요. 시간이 흐른 뒤 전자가 발견되었고, 전류는 전자의 이동으로 밝혀졌죠. 하지만 이미 전류와 관련된 여러 법칙이 만들어진 뒤였기 때문에 전류의 방향은 그대로 사용하기로 하였습니다. 전류의 방향과 전자 이동 방향이 서로 반대인 까닭이랍니다.

전자와 전류의 흐름

전자의 이동 방향과 전류의 흐름 방향은 반대이다.

정리 좀 해볼게요

정답은? ❷ 전류

풍마니의 그림에서 펌프가 물을 끌어 올려 높이의 차이로 인해 물레방아에 물이 흐르는 것은 전기적 에너지 차이인 전압에 의해 전류가 흐르는 것과 비슷하답니다. 그래서 물의 흐름은 전류에 비유할 수 있죠. 풍마니가 예습을 했나봐요.

핵심은?

전압	전류
• 전기 회로에 전류를 흐르게 하는 힘 • 물의 높이 차에 의한 수압에 비유됨 • 단위 : V볼트	• 전하가 이동하는 흐름 • 전자는 (-)극에서 (+)극으로 흐르지만, 전류는 (+)극에서 (-)극으로 흐른다고 약속함 • 단위 : A암페어

> 전압과 전류를 좀 더 쉽게 설명해 볼게! 전압의 세기는 바로 '에너지!'
> 전자가 이동하면서 사용할 수 있는 에너지라고 생각하면 돼!
> 전류의 세기는 이동하는 전자의 개수라고 생각하면 이해하기 쉬워!
> 전류의 방향과 전자의 이동 방향은 반대라는 것까지 꼭 기억해줘!

누전 차단기를 연결하는 ○○연결은 무엇일까요?

난이도 ★ ★ ★

Q 컴퓨터를 하던 장풍쌤. 그런데 갑자기 집안의 모든 전기가 나가고 말았습니다. 두꺼비집을 열며 "누전 차단기의 스위치를 다시 켜봐야겠다. 누전 차단기는 ○○연결이니까."라고 말하는 장풍쌤. 과연 장풍쌤이 한 말 중 ○○에 들어갈 말은 무엇일까요?

단서
- 누전 차단기의 스위치를 켜면 모든 전기 기구에 전기가 다시 공급된다.
- 병렬연결은 전류가 각각의 전기 기구에 독립적으로 흐를 수 있다.

① 직렬연결

② 병렬연결

직렬

直 곧을 직　列 늘어설 렬

075

여러 개의 전지나 전기 기구를 서로 다른 극끼리 한 길로 연결하는 방법

전지의 직렬연결

전지 여러 개를 서로 다른 극끼리 한 길로 연결하는 방법을 전지의 직렬연결이라고 합니다. 직렬연결을 하면 전체 전압은 연결한 전지의 개수만큼 커져요. 마치 물통을 일렬로 연결하면 수압물의 압력이 커지는 것과 같은 원리이죠. 전지를 직렬로 많이 연결할수록 전선에 흐르는 전류가 세게 흐르기 때문에 전구의 밝기는 더 밝아지겠지만, 전지는 빨리 닳아 오래 사용할 수 없어요.

전지의 직렬연결

전지를 직렬로 연결하면 전압이 커진다.

전구의 직렬연결

전지의 개수는 같고, 전구의 개수를 직렬로 늘리면 전구 1개의 밝기는 더 어두워집니다. 왜냐하면 전구저항를 많이 연결할수록 전류가 흐르기 어려워져서전류의 저항이 커지므로 전지에 전류가 적게 흐르기 때문이죠. 또 직렬연결은 전류가 지나는 길이 하나이므로 전구를 1개 빼면 전류가 흐르는 길이 끊겨 전구의 불이 모두 꺼지게 됩니다. 이런 이유로 직렬연결은 누전 차단기에 활용된답니다.

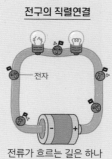

전구의 직렬연결

전자

전류가 흐르는 길은 하나이다.

누전 차단기와 직렬로 연결된 전기 기구

아뇨! 또 나갔어?!

병렬 竝列
나란히 병 · 늘어설 렬

076

여러 개의 전지나 전기 기구를 두 개 이상의 길로 연결하는 방법

전지의 병렬연결

전지 여러 개를 여러 갈래로 나누어 연결하는 방법을 전지의 병렬연결이라고 합니다. 물통을 병렬로 연결해도 수압이 변함없는 것처럼 전체의 전압은 커지지 않습니다. 전지를 병렬로 연결해서 개수를 늘리더라도 전체 전압이 변하지 않기 때문에 전구의 밝기는 전지 1개를 연결했을 때와 다르지 않아요. 그래서 직렬연결로 전지를 연결했을 때보다 전구의 밝기는 어둡지만 오래 사용할 수 있답니다.

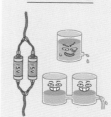

전지의 병렬연결

전압은 그대로이지만 전지의 개수가 늘어난 만큼 전지를 오래 사용할 수 있다.

전구의 병렬연결

전구 여러 개를 병렬로 연결하면 전구 전체의 저항이 작아져서 전류가 세게 흐르죠. 그래서 같은 개수의 전구를 직렬로 연결할 때보다 더 밝아요. 또 전류가 흐르는 길이 여러 개이기 때문에 전구 하나가 망가져도 다른 전구는 꺼지지 않아요. 이처럼 병렬연결은 한 도선의 흐름이 끊어져도 다른 회로는 독립적으로 전류가 흐르기 때문에 멀티탭에 활용됩니다.

전구의 병렬연결

전류가 흐르는 길은 여러 개이다.

멀티탭과 병렬로 연결된 전기 기구

정리 좀 해볼게요

✏️ **정답은?** **1 직렬연결**

누전 차단기는 전류가 밖으로 흘러나가 감전의 위험이 있을 때 전류를 한번에 차단하는 기계예요. 위급 상황에서 한번에 모든 전류를 차단해야 하기 때문에 전기 기구와 직렬로 연결되어 있죠. 집안의 전기가 나갔다면 누전 차단기를 올려 전기를 다시 공급해야 한답니다.

💡 **핵심은?**

직렬	병렬
• 전지나 전구 여러 개를 한 길로 줄지어 연결한 것 • 전체 전압은 전지의 개수만큼 늘어남 • 저항이 하나라도 끊어지면 전류가 흐르지 않음 • 누전 차단기 등	• 전지나 전구 여러 개를 두 개 이상의 길로 나란히 줄지어 연결한 것 • 전체 전압은 변함 없음 • 저항 하나가 끊어져도 독립적으로 전류가 흐름 • 멀티탭 등

> 일렬로 쭈욱 연결되는 직렬! 여러 갈래로 나란히 연결되는 병렬!
> 직렬로 연결한 전지는 전압이 더 커지고, 직렬로 연결한 저항도 더 커지지!
> 하지만 병렬로 연결한 전지의 전압은 한 개 값 그대로!
> 병렬로 연결한 저항은 더 작아진다는 차이점을 알아 두자!

장풍쌤의 말처럼 손전등을 켤 수 있을까요?

난이도 ★★☆

Q 가로등도 없는 깜깜한 밤. 풍슬이는 손전등을 켜지만 불이 켜지지 않습니다. 이때 장풍쌤은 버튼만 달린 손전등을 꺼내 풍슬이에게 주면서 버튼을 연속해서 눌러보라고 합니다. 풍슬이와 풍마니는 과연 손전등을 켤 수 있을까요?

단서
- 장풍쌤의 손전등 안에는 발전기가 들어 있다.
- 발전기는 힘을 이용해 전기를 만들어내는 장치이다.
- 전원 버튼을 연속해서 누르면 발전기 안의 자석이 순간적으로 회전한다.

❶ 손전등을 켤 수 있다.   **❷** 손전등이 켜지지 않는다.

전동기

電	動	機
번개 전	움직일 동	기계 기

077

전기를 이용하여 힘을 만들어내는 장치

전동기는 N극과 S극 사이에 놓인 코일에 전류가 흐를 때 코일이 자기장의 힘을 받아 회전하는 장치입니다. 즉 전류에 의한 전기 에너지가 코일을 회전시키는 역학적 에너지*로 전환되는 것이죠. 그 힘으로 물체를 작동시킬 수 있답니다. 전동기는 흔히 모터라고 하는데, 스위치를 켜서 전류가 흐르면 모터가 회전하고 물체를 작동시키는 것이죠. 대표적으로 전동기를 이용한 전기 기구에는 선풍기, 세탁기, 헤어드라이어 등이 있어요.

전동기

자기장   코일

N   S

전류가 흐르면 코일이
회전한다.

*역학적 에너지(力 힘 력 學 배울 학 的 과녁 적) : 물체의 운동 에너지와 위치 에너지의 합

② 코일이 자석의
자기장으로부터
힘을 받는다.

③ 코일이 회전하여
날개가 돌아간다.

① 코일에
전류가 흐른다.

발전기

發	電	機
보내다 발	번개 전	기계 기

078

물리적인 힘을 이용하여 전기를 만들어내는 장치

발전기는 N극과 S극 사이에 형성된 자기장 속에 코일을 넣고 물리적인 힘을 가해 코일을 회전시키며 전기 에너지를 만드는 장치입니다. 코일을 회전시키는 역학적 에너지가 코일에 전류를 흐르게 해 전기 에너지로 전환되는 것이죠.

대표적으로 수력 발전으로 전기 에너지를 만드는 것을 예로 들 수 있어요. 높은 곳에서 물을 떨어뜨려 그 힘으로 발전소 안에 있는 물레방아를 돌리면 힘을 받은 발전기가 회전하여 전기 에너지를 만들어내는 것이죠.

발전기

코일이 회전하며 전기를 만들어낸다.

① 날개를 돌려 코일을 회전시킨다.

② 코일을 통과하는 자기장이 변한다.

③ 전류가 유도되어 흐르고 전구가 켜진다.

정리 좀 해볼게요

정답은? ❶ 손전등을 켤 수 있다.

손전등 안에는 발전기가 들어있어요. 버튼을 연속으로 빠르게 눌러 물리적인 힘을 가하면 발전기에 있던 코일이 회전하면서 전기 에너지를 만들어내죠. 이 에너지로 손전등의 불을 켤 수 있는 거예요. 이렇게 일상 곳곳에 과학 원리가 숨어 있답니다.

핵심은?

전동기	발전기
• 전기를 이용하여 힘을 만들어내는 장치 • 전기 에너지가 역학적 에너지로 전환됨 • 선풍기, 세탁기, 헤어드라이어 등	• 물리적 힘을 이용하여 전기를 만들어내는 장치 • 역학적 에너지가 전기 에너지로 전환됨 • 자가발전 손전등, 수력 발전 등

❝ 전동기와 발전기의 구조는 비슷하지만 에너지의 전환 방식이 완전 반대야!
전동기는 전기를 연결해서 역학적 에너지를 이끌어 내고,
발전기는 역학적 에너지를 이용해서 전기 에너지를 만들어내는 거지.
둘의 차이점을 잘 이해해 두자! ❞

지구가 스스로 도는 것을 무엇이라고 할까요?

난이도 ★☆☆

Q 역할극을 준비하고 있는 풍마니와 풍슬이는 누가 지구 역할을 할지 고민하고 있습니다. 지구 역할은 장풍쌤이 돌리는 지구본처럼 계속 돌아야 하는데요. 과연 지구가 스스로 도는 것을 무엇이라고 할까요?

단서 · 지구는 자전과 공전을 한다.

· 낮과 밤이 생기는 것은 자전 때문이다.

· 계절마다 다른 별자리가 보이는 것은 공전 때문이다.

❶ 자전

❷ 공전

자전

自 스스로 자 **轉** 구를 전

079

천체가 자전축을 중심으로 스스로 회전하는 것

지구를 비롯한 우주를 구성하는 수많은 천체는 눈에 보이지 않는 가상의 축을 중심으로 스스로 회전합니다. 이것을 자전이라고 하죠. 지구는 약 23.5° 기울어진 자전축*을 중심으로 하루24시간에 한 바퀴씩 서쪽에서 동쪽, 시계 반대 방향으로 회전하고 있습니다. 지구가 자전하기 때문에 낮과 밤이 존재하죠. 지구가 자전하면서 태양 빛을 받는 쪽은 낮, 태양 빛을 받지 못하는 반대쪽은 밤이 되는 것이랍니다.

한편, 태양계를 이루는 행성들은 모두 각자의 자전축을 중심으로 자전하고 있어요. 대부분은 지구처럼 시계 반대 방향으로 자전하지만, 금성은 자전축이 다른 행성들과 반대 방향으로 기울었기 때문에 동쪽에서 서쪽, 시계 방향으로 자전합니다.

***자전축**(自 스스로 자 轉 구를 전 軸 굴대 축) : 천체가 스스로 회전할 때 기준이 되는 중심축

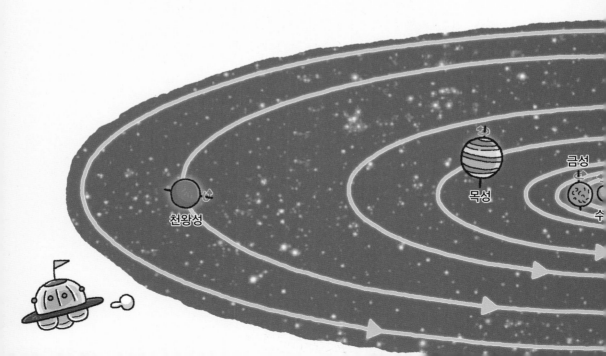

공전

公	轉
공평할 공	구를 전

080

천체가 다른 천체의 주위를 일정한 주기로 회전하는 것

달이 지구 주위를 한 바퀴 돌거나 지구가 태양 주위를 한 바퀴 도는 것처럼 천체가 다른 천체 주위를 도는 것을 공전이라고 합니다. 지구는 자전하면서 태양 주위를 공전하고 있어요. 지구가 태양을 한 바퀴 도는 데 1년365일이 걸리죠.

지구의 공전 방향은 시계 반대 방향으로, 자전 방향과 같습니다. 지구가 자전축이 기울어진 채로 공전하고 있기 때문에 지구의 위치에 따라 계절이 바뀌고, 별자리가 바뀌며 태양이 뜨는 위치와 높이가 달라지는 거예요.

태양계를 이루는 다른 행성들도 태양을 중심으로 공전하며, 일정한 주기를 가지고 있습니다. 태양과 가장 가까이 있는 수성은 약 88일, 금성은 약 225일, 지구는 약 365일, 화성은 약 687일이죠. 목성은 약 11.9년, 토성은 약 29.5년, 천왕성은 약 84년, 해왕성은 약 164.8년이나 됩니다. 태양에서 멀어질수록 공전 주기도 길어지는 것을 알 수 있어요.

토성

화성

지구

해왕성

178

 정리 좀 해볼게요

✏️ 정답은? ❶ 자전

지구는 하루에 한 바퀴씩 스스로 회전하는 자전을 하고 있습니다. 지구본을 돌리면 빛을 받는 쪽과 받지 못하는 쪽이 생기죠? 그래서 낮과 밤이 생기는 거랍니다. 태양계의 모든 행성들은 자전과 공전을 하고 있어요.

💡 핵심은?

자전	공전
• 천체가 자전축을 중심으로 스스로 회전하는 것 • 지구의 자전 주기는 1일24시간 • 낮과 밤이 생기는 까닭	• 천체가 다른 천체의 주위를 회전하는 것 • 지구의 공전 주기는 1년365일 • 계절마다 다른 별자리가 보이는 까닭

❝ 지구는 태양을 중심으로 1년에 한 바퀴씩 서에서 동(시계 반대 방향)으로 돌면서,
스스로 하루에 한 바퀴씩 서에서 동(시계 반대 방향)으로 돌고 있어!
하루를 주기로 나타나는 낮과 밤의 변화는 자전의 증거!
계절에 따른 별자리의 변화는 공전의 증거야! ❞

여름과 겨울의 별자리가 다른 까닭은 무엇일까요?

난이도 ★ ★ ★

Q 풍's 패밀리는 종종 옥상에서 하늘의 별자리를 관찰하곤 합니다. 여름과 겨울에 별자리를 관찰하며 찍은 사진을 보니, 두 사진에 찍힌 별자리 모양이 다르네요. 여름과 겨울 하늘에 보이는 별자리 모양이 다른 까닭은 무엇일까요?

7월 15일 저녁 9시
장풍쌤과 함께

1월 15일 저녁 9시
별자리 구경 한 날

단서
- 지구는 스스로 빙글빙글 돌고 있다.
- -
- 지구는 태양 주위를 돌고 있다.
- -
- 하늘의 별은 항상 제자리에 있다.
- -

❶ 지구가 자전하기 때문이다. **❷ 지구가 공전하기 때문이다.**

일주 운동

日	週	運	動
날 일	돌다 주	옮길 운	움직일 동

081

지구가 자전하면서 나타나는 천체의 겉보기 운동

일주 운동은 태양, 달, 별 등의 천체가 하루를 주기로 한 바퀴씩 회전하는 것처럼 보이는 운동입니다. 지구가 스스로 한 바퀴 자전하기 때문에 나타나는 현상이죠. 하지만 지구에 있는 우리는 지구가 자전하는 것을 느끼지 못합니다. 따라서 별들이 북극성*을 중심으로 하루에 한 바퀴씩 회전하는 것처럼 보인답니다. 사실 별들은 그 자리에 가만히 있고, 지구가 움직이는 것이지만요.

지표면에서 이런 별들의 움직임을 살펴보면 지구는 서쪽에서 동쪽으로 자전하기 때문에 별들은 북극성을 중심으로 그 반대인 동쪽에서 떠서 서쪽으로 지는 것으로 관측됩니다. 따라서 일주 운동의 방향과 지구의 자전 방향은 서로 반대랍니다.

*북극성(北 북녘 북 極 극 극 星 별 성) : 지구의 자전축을 북쪽으로 연장한 방향 끝에 있는 별

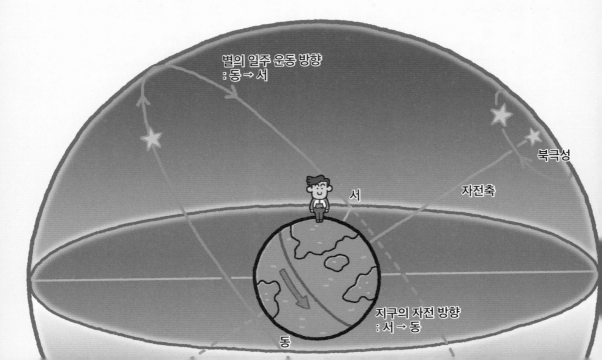

연주 운동

年	週	運	動
해 년	돌다 주	옮길 운	움직일 동

082

지구가 공전하면서 나타나는 천체의 주기적인 운동

연주 운동은 지구가 태양 주위를 1년에 한 바퀴씩 공전하기 때문에 관측되는 현상입니다. 별들의 위치는 변하지 않지만, 지구에 있는 우리가 하늘을 볼 때에는 지구가 공전할 때 배경이 되는 별자리가 이동하여 계절마다 바뀌는 것처럼 보인답니다.

지구에서 태양을 볼 때, 태양과 같은 방향에 있는 별자리는 태양과 함께 뜨고 지기 때문에 밤하늘에서는 관측할 수 없습니다. 하지만 태양과 반대쪽에 있는 별자리는 한밤중의 남쪽 하늘에서 관측할 수 있죠. 예를 들면 3월에는 태양과 같은 방향에 있는 사자자리가 태양과 함께 뜨고 져서 눈으로 관측하기 어렵지만, 한밤중에는 태양과 반대편에 있는 물병자리를 관측할 수 있답니다. 이러한 연주 운동으로 우리는 계절마다 다른 별자리를 볼 수 있는 것이랍니다.

계절별 별자리

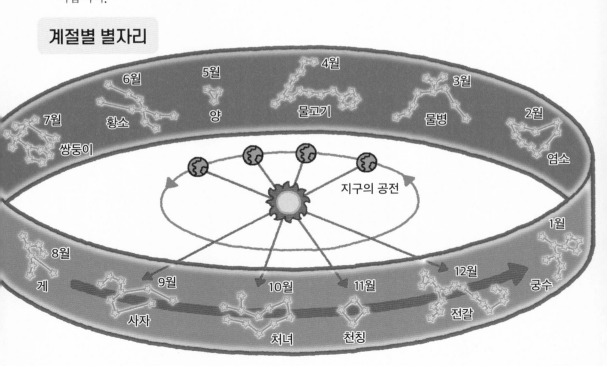

182

정답은? ❷ 지구가 공전하기 때문이다.

계절에 따라 관찰되는 별자리가 다른 까닭은 지구가 태양 주위를 공전하기 때문이에요. 지구는 태양 주위를 1년에 한 바퀴씩 공전하고 있으므로, 지구에서 볼 수 있는 별자리도 1년 동안 계절마다 변화하죠.

💡 핵심은?

일주 운동	연주 운동
• 지구의 자전에 의한 천체의 운동 • 별, 태양, 달 등의 천체가 동쪽에서 떠서 서쪽으로 지는 것으로 관측됨	• 지구의 공전에 의한 천체의 운동 • 계절에 따라 별자리가 이동하여 바뀐 것처럼 관측됨

❝ 일주 운동은 하루를 주기로 하는 운동! 연주 운동은 1년을 주기로 하는 운동!
지구에서 관측되는 다른 천체들이 움직이는 것처럼 보이는 까닭은
바로 일주 운동과 연주 운동 때문이지! ❞

풍마니의 알리바이를 증명해줄 사진은 무엇일까요?

난이도 ★★☆

Q 풍슬이는 풍마니에게 '2021년 12월 18일 저녁 7시'에 혼자 놀러 간 게 아닌지 추궁하였습니다. 풍마니는 "그날 그 시간에 장풍쌤과 함께 있었으며, 알리바이를 증명할 사진도 있다."며 펄쩍 뛰었습니다. 풍마니가 풍슬이에게 증거로 보여줄 사진은 어떤 것일까요?

단서 • 12월 18일은 음력으로 11월 15일이며, 동쪽 하늘의 풍경을 주의 깊게 살펴보자.

• 달이 뜬 위치와 모양을 보고 그 때를 추측할 수 있다.

❶ 왼쪽 사진   **❷ 오른쪽 사진**

184

망

望
보름 망

083

지구를 공전하는 달이 태양의 반대편에 위치할 때 달의 모습

달은 지구 주위를 한 달약 30일 주기로 공전하고 있죠. 이때 달의 위치에 따라 태양 빛을 받는 부분은 달라져 우리 눈에 보이는 달의 모양은 계속 변하게 됩니다. 이것을 달의 위상 변화라고 해요. 달이 태양의 반대편에 위치해 달—지구—태양의 구도가 되면 지구에서 보이는 달의 모든 면이 태양 빛에 반사되므로 동그란 달의 모양을 볼 수 있습니다. 이때 달의 위상을 '망'이라고 하며, 우리말로는 보름달이라고 합니다. 망은 매월 음력* 15일 경에 관측할 수 있어요.

달의 위상이 망일 때는 달을 가장 오랫동안 관측할 수 있죠.

*음력(陰 그늘 음 曆 달력 력) : 달이 지구를 공전하는 시간을 기준으로 만든 달력

망

매월 음력 15일 경에는 태양 빛을 받는 달의 모든 면을 볼 수 있다.

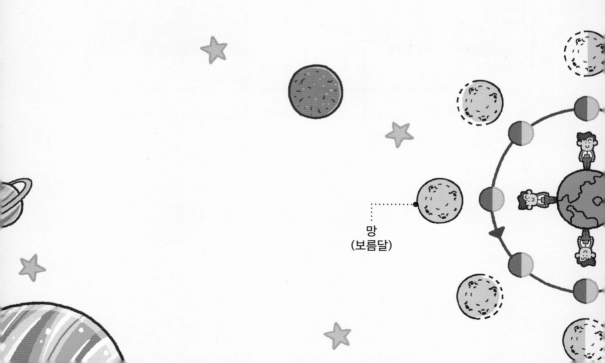

망
(보름달)

삭

朔
초하루 삭

084

지구를 공전하는 달이 지구와 태양 사이에 위치할 때 달의 모습

달이 공전하다가 지구와 태양 사이에 위치해 지구–달–태양의 구도가 되면, 지구에서 우리가 바라보는 달에서 태양의 빛을 모두 받기 때문에 지구 쪽에서는 달의 빛이 반사된 빛이 보이지 않아요. 그래서 지구에서는 달이 보이지 않아요. 이때 달의 위상을 '삭'이라고 합니다. 삭은 매월 음력 1일 경에 나타나며, 태양과 함께 뜨고 지기 때문에 직접 관측하기 어려워요.

삭

지구   달   태양

매월 음력 1일 경에는 달의 모습을 볼 수 없다.

····삭

정리 좀 해볼게요

✏️ 정답은? ❶ 왼쪽 사진

달은 스스로 빛을 내지 못하기 때문에 우리는 달이 태양 빛을 반사한 모습을 보는 거예요. 달은 지구 주위를 공전하고 있기 때문에 그 위치에 따라 지구에서 볼 수 있는 달의 모양이 변하죠. 음력으로 11월 15일이면 달의 위상은 망일 때예요. 따라서 지구에서는 태양 빛을 받는 달의 모든 면을 볼 수 있는 보름달을 관측할 수 있답니다.

💡 핵심은?

망	삭
• 달이 모든 면에서 반사된 태양 빛을 볼 때의 모양 • 달-지구-태양 순으로 위치함 • 음력 15일 경	• 달이 태양 빛을 받는 면을 볼 수 없을 때의 모양 • 지구-달-태양 순으로 위치함 • 음력 1일 경

❝ 망은 달-지구-태양이 일직선상에 있을 때 밤이 되는 지역에서 태양 빛에 의해 달의 둥근면 전체가 보이는 것을 말해. 달이 태양과 지구 사이에 삭~ 껴서 생기는 삭! 태양 빛이 너무 강해서 보이지 않고 삭제! 헷갈리지 말고 기억해 두자! ❞

낮에 태양이 사라진 까닭은 무엇일까요?

난이도 ★★☆

Q 오후 3시에 운동장에서 친구들과 축구를 하고 있던 풍마니와 풍슬이. 갑자기 하늘이 어두워지며 태양이 사라졌습니다. 낮에 태양이 사라진 까닭은 무엇일까요?

단서
- 태양도 무언가의 그림자에 가려질 수 있다.
- 달은 낮에도 지구의 주위를 공전하고 있다.

① 달이 태양을 가렸기 때문이다.   **②** 태양이 빛을 잃어버렸기 때문이다.

일식 日 蝕
날 일 좀먹을 식

085

달이 태양을 가리는 현상

지구는 태양 주위를 공전하고, 달은 지구 주위를 공전하고 있습니다. 그러다가 태양-달-지구가 일직선이 되어 일시적으로 달이 태양을 가리는 경우가 생기죠. 이때 지구에서는 달의 그림자에 태양이 가려져 보이지 않게 되는데, 이를 일식이라고 합니다.
일식은 개기 일식과 부분 일식으로 나눌 수 있어요. 개기 일식은 태양의 전체가 가려지는 것이고, 부분 일식은 태양의 일부분만 가려지는 현상이랍니다. 자세한 내용은 다음 장으로 가면 배울 수 있어요.

개기 일식이 일어나는 과정

태양 달

동 　개기 일식 　서

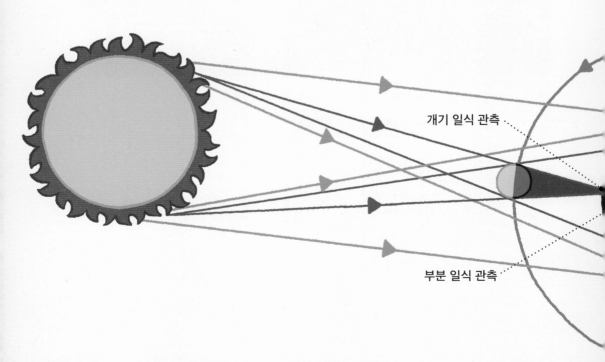

개기 일식 관측

부분 일식 관측

월식

月 달 월
蝕 좀먹을 식

086

지구의 그림자에 달이 가려지는 현상

월식은 태양-지구-달 순서로 일직선에 위치할 때 일어납니다. 이때 달은 지구에 의해 가려짐으로써 우리는 달을 볼 수 없는 부분이 생기게 됩니다.

월식은 개기 월식과 부분 월식으로 나눌 수 있어요. 개기 월식은 달의 전체가 지구 그림자에 가려지는 것을 말해요. 이때 우리는 지구 대기를 통과한 빛이 달의 표면에 반사되며 검붉게 보여 '블러드 문'이라고 부르기도 한답니다. 월식은 일식에 비해 지속상태가 계속될 시간이 길어요. 그래서 개기 월식이 일어난다면 1시간 이상을 관측할 수 있답니다.

개기 월식이 일어나는 과정

달
지구의 그림자

동   개기 월식   서

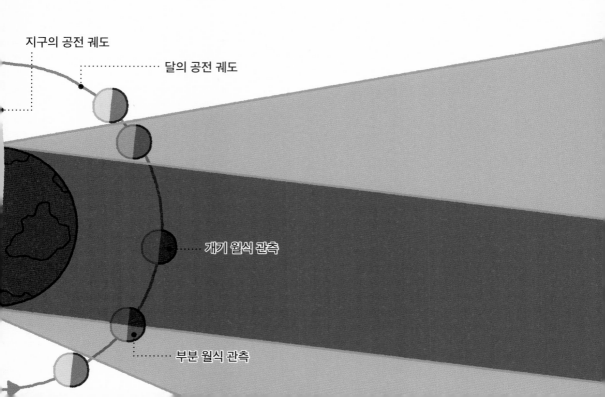

지구의 공전 궤도

달의 공전 궤도

개기 월식 관측

부분 월식 관측

정리 좀 해볼게요

정답은? ❶ 달이 태양을 가렸기 때문이다.

일식과 월식은 모두 가려진다는 공통점이 있어 헷갈릴 수 있어요. 태양과 지구 사이에 위치한 달이 태양을 가려 태양의 전체나 일부분이 보이지 않는 현상을 일식이라고 한답니다.

핵심은?

일식	월식
• 태양이 달의 그림자에 가려지는 것 • 태양-달-지구의 순서로 일직선에 위치할 때 일어남 • 개기 일식과 부분 일식으로 나눌 수 있음	• 달이 지구의 그림자에 가려지는 것 • 태양-지구-달의 순서로 일직선에 위치할 때 일어남 • 개기 월식과 부분 월식으로 나눌 수 있음

> 날 "일!" 달 "월!" 그리고 "식"은 '갉아먹다' 할 때의 식!
> 즉, 태양-달-지구가 일직선상에 있을 때 달의 그림자에 의해
> 태양을 조금씩 갉아먹는 것처럼 보이는 일식! 태양-지구-달이 일직선상에 있을 때
> 지구의 그림자에 의해 갉아먹는 것처럼 보이는 월식! 잘 기억하자!

풍마니가 본 풍식이의 모습은 어떤 모습일까요?

난이도 ★★☆

Q 풍마니, 풍슬이, 풍식이는 역할극을 하고 있습니다. 풍마니는 지구, 풍슬이는 달, 풍식이는 태양 역을 맡았습니다. 풍마니(지구), 풍슬이(달), 풍식이(태양)가 일직선으로 서 있을 때 풍마니가 보는 풍식이의 모습은 어떤 모습일까요?

단서
- 풍마니의 시선은 지구에서 우리가 바라보는 하늘의 모습이다.
- 풍식이는 풍마니, 풍슬이보다 크지만 풍마니와 멀리 떨어져 있다.

❶ 풍식이의 모습이 잘 보인다.　　❷ 풍슬이에 가려 풍식이가 보이지 않는다.

개기

皆	旣
모두 개	이미 기

한 천체가 다른 천체에 의해 완전히 가려지는 것

개기는 천체의 그림자에 의해 다른 천체가 완전히 가려지는 것을 말합니다. 지구의 그림자가 달을 가리게 되면 월식이 일어난다고 했죠? 태양−지구−달이 정확히 일직선 상에 놓여 달이 지구의 본그림자* 안에 위치하면 달 전체가 지구의 본그림자에 완전히 가려지게 되고, 지구에서 개기 월식을 관측할 수 있습니다.

또한 달이 지구를 가리게 되면 지구에서는 일식을 관측할 수 있는데요. 태양−달−지구가 정확히 일직선 상에 놓여 지구가 달의 본그림자 안에 위치하면 지구의 어느 한 지역에 달의 본그림자가 위치하게 되고, 그 지역에서 개기 일식을 관측할 수 있지요.

*본그림자 : 일식이나 월식이 일어날 때 태양 빛이 완전히 가려지는 위치에 생기는 그림자

부분

部 떼 부 　　 分 나눌 분

088

한 천체가 다른 천체에 의해 일부만 가려지는 것

부분은 천체의 그림자에 의해 다른 천체의 일부가 가려져 보이는 것을 말합니다. 이는 일식과 월식 모두에 해당될 수 있어요.

부분 월식은 지구의 본그림자에 달이 일부분만 가려질 때 볼 수 있습니다.

부분 일식은 달의 반그림자*에 지구가 위치하여 달에 의해 태양의 일부분만 가려질 때 일어납니다. 부분 일식은 관찰할 수 있는 범위가 넓어 개기 일식보다 더 오랜 시간 동안 넓은 지역에서 관찰할 수 있어요.

*반그림자 : 일식이나 월식이 일어날 때 태양 빛이 일부만 가려지는 위치에 생기는 그림자

정리 좀 해볼게요

📝 **정답은?** ❷ 풍슬이에 가려 풍식이가 보이지 않는다.

풍식이(지구), 풍슬이(달), 풍식이(태양)가 일직선 상에 위치한다면 일식이 일어날 거예요. 풍식이는 풍마니, 풍슬이와 멀리 떨어져 있기 때문에 풍슬이(달)의 그림자에 가려져 보이지 않게 되지요.

💡 **핵심은?**

개기	부분
• 천체의 그림자에 다른 천체가 완전히 가려지는 것 • 본그림자 안에 천체가 위치해 있는 것	• 천체의 그림자에 다른 천체의 일부가 가려지는 것 • 반그림자 안에 천체가 위치해 있는 것

> 일식이 일어날 때 달의 본그림자에 있는 지역에서는 개기 일식,
> 반그림자에 있는 지역에서는 부분 일식! 월식이 일어날 때 달이 지구의 본그림자에
> 완전히 들어오면 개기 월식, 부분적으로 포함되면 부분 월식!
> 둘의 차이점을 명확히 알아 두자!

누구의 그림을 수정해야 할까요?

난이도 ★☆☆

Q 천체 그리기 대회에 참가한 풍마니와 풍슬이. 심사 위원인 장풍쌤은 그림을 보다가 깜짝 놀랐습니다. "아이쿠, 그림의 제목에 잘못된 곳이 있네." 과연 누구의 그림 제목을 수정해야 할까요?

단서
- 행성은 항성 주위를 돌고 스스로 빛을 내지 못하는 천체이다.
- 항성은 스스로 빛을 낸다.

① 풍슬이

② 풍마니

항성

恒	星
항상 항	별 성

089

스스로 빛을 내는 천체

항성은 스스로 빛을 내는 천체를 말합니다. 영어로는 'Star'라고 하죠. 지구에서 가장 가까운 항성은 태양입니다. 그리고 지구의 밤하늘에서는 수많은 항성들을 볼 수 있어요. 지구에서 본 항성은 지구로부터 거리가 매우 멀기 때문에 움직이지 않고 한곳에 고정되어 있는 것처럼 보입니다. 이 때문에 '붙박이별'이라고도 부르죠.

항성이 스스로 빛을 낼 수 있는 까닭은 질량이 매우 크기 때문에 보다 큰 중력이 작용하고, 이 중력에 의해 핵융합*이 일어나 열과 빛을 스스로 방출하기 때문입니다. 이처럼 항성은 스스로 에너지를 만들어 내면서 일정한 단계를 거쳐 진화하면서 변화한답니다.

*핵융합(核 씨 핵 融 녹을 융 合 합할 합) : 가벼운 원자핵들이 결합하여 무거운 원자핵으로 바뀌는 것

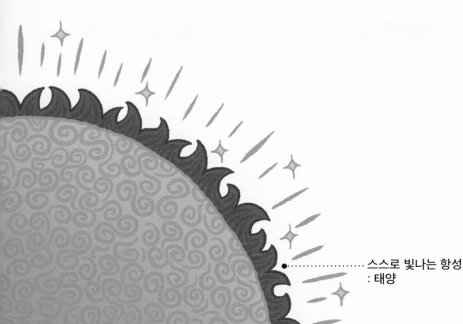

태양은 항성이야

스스로 빛나는 항성
: 태양

행성

行	星
움직일 행	별 성

090

스스로 빛을 내지 못하고 항성 주위를 도는 천체

밤하늘의 아름다운 별을 볼 때, 유독 밝게 빛나는 별을 본 적이 있나요? 그런데 지나치게 밝아 신비로웠던 그 별이, 항성이 아닐 수도 있습니다. 실제로는 항성이 아니라 태양 빛을 반사한 지구와 가까운 행성일 가능성도 있지요. 항성의 빛을 반사하는 행성이나 위성행성 주위를 회전하는 천체, 혜성 등은 항성이라고 할 수 없답니다. 이처럼 행성은 스스로 빛을 내지 못하는 천체로, 영어로는 'Planet'입니다. 태양계에서는 태양 주위를 돌고 있는 수성, 금성, 지구, 화성, 목성, 토성, 천왕성, 해왕성이 바로 행성이죠. 스스로 빛을 내지 못하는 행성들을 지구에서 관측할 수 있는 까닭은 바로 항성인 태양 덕분이랍니다. 행성은 핵융합을 하기에 충분한 질량을 가지고 있지 않기 때문에 에너지를 만들어 내지 못하며, 이로 인해 항성과 같은 진화 과정은 이루어지지 않습니다.

항성을 공전하는 행성

태양계의 행성은 태양 주위를 공전하고 있다.

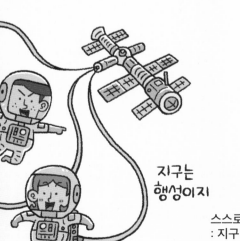

지구는 행성이지

스스로 빛나지 못하는 행성 ·········
: 지구

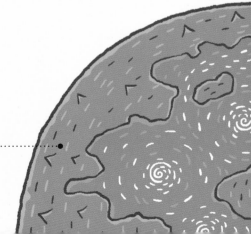

정리 좀 해볼게요

📝 **정답은?**　❷ 풍마니

태양계에서 빛을 내는 항성은 태양이 유일하답니다. 우리 지구도 태양 빛을 반사시켜 빛나는 행성이기 때문에 항성이라고 할 수 없죠. 금성은 밤하늘에서 반짝이는 별처럼 보여서 '샛별'이라고 불리지만 항성이 아닌 태양계의 행성이랍니다.

💡 **핵심은?**

항성	행성
• 스스로 빛을 낼 수 있는 천체 • 질량이 매우 커 스스로 에너지를 만들며 진화함 • 태양계 안의 유일한 항성은 태양	• 항성의 빛을 반사시켜 빛나는 천체 • 질량이 크지 않아 에너지를 만들지 못하고 진화도 하지 않음 • 수성, 금성, 지구, 화성, 목성, 토성, 천왕성, 해왕성

❝ 태양계에서 오직 태양만 항상 빛을 내는 항성! 태양 주위를 바쁘게 움직인다고 해서 움직일 "행", 행성! 태양계 행성의 종류는 꼭 암기하자! 수-금-지-화-목-토-천-해! 스스로 빛을 내지 못하는 행성을 우리가 관측할 수 있는 것은 바로 태양 빛의 반사 때문이라는 것도 잊지 말자! ❞

한밤중에 풍슬이가 본 행성은 무엇일까요?

난이도 ★☆☆

Q 시험 전날 밤, 창밖을 보던 풍슬이의 눈에 아주 밝게 반짝이는 별 하나가 들어왔습니다. 별을 보며 "내일 시험에 제가 공부한 것만 나오게 해주세요!"라고 소원을 비는 풍슬이. 풍슬이가 본 별은 무엇일까요?

단서
- 금성은 내행성, 목성은 외행성이다.
- 내행성은 새벽이나 초저녁에만 볼 수 있다.
- 외행성은 한밤중에도 볼 수 있다.

① 금성

② 목성

내행성

內	行	星
안 내	다닐 행	별 성

태양계에서 지구보다 안쪽 궤도에 존재하는 행성

091

내행성은 태양계를 구성하는 행성 중 지구보다 안쪽 궤도에서 태양 주위를 돌고 있는 행성들을 말합니다. 내행성에는 수성과 금성이 속하죠.

내행성은 지구가 태양을 도는 궤도보다 안쪽에 있기 때문에 지구에서 보는 내행성은 태양에서 많이 떨어져 있지 않습니다. 그래서 내행성은 태양이 뜨는 새벽에 동쪽 하늘의 태양 근처에서 관측하거나, 태양이 진 초저녁에 서쪽 하늘의 태양 근처에서 관측할 수 있고, 한밤중에는 관측할 수 없답니다.

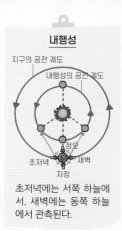

내행성

지구의 공전 궤도
내행성의 공전 궤도
정오
초저녁   새벽
자정

초저녁에는 서쪽 하늘에서, 새벽에는 동쪽 하늘에서 관측된다.

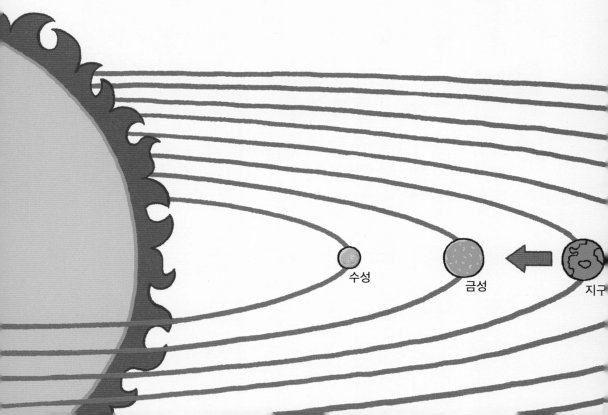

수성   금성   지구

외행성

外	行	星
바깥 외	다닐 행	별 성

092

태양계에서 지구보다 바깥쪽 궤도에 존재하는 행성

외행성은 태양계를 구성하는 행성 중 지구보다 바깥쪽 궤도에서 태양 주위를 돌고 있는 행성들을 말합니다. 화성, 목성, 토성, 천왕성, 해왕성이 외행성에 속하죠.

외행성은 지구의 바깥쪽에서 태양 주위를 돌고 있기 때문에 지구를 기준으로 태양의 정반대 쪽에도 위치할 수 있습니다. 즉 초저녁이나 새벽에 태양 근처에서만 관측할 수 있는 내행성과 달리 외행성은 초저녁이나 새벽뿐만 아니라 한밤중에도 관측할 수 있어요.

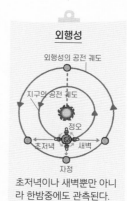

외행성

초저녁이나 새벽뿐만 아니라 한밤중에도 관측된다.

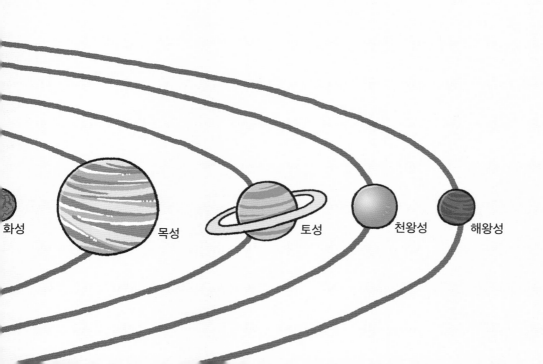

화성 　목성 　토성 　천왕성 　해왕성

정리 좀 해볼게요

정답은? ❷ **목성**

한밤중에 관측할 수 있는 행성은 외행성이에요. 내행성은 초저녁과 새벽에만 관찰할 수 있죠. 금성은 지구보다 태양과 더 가까운 내행성이고, 목성은 지구보다 태양에서 더 멀리 떨어진 외행성이죠. 풍슬이가 보았던 반짝이는 행성은 목성이었어요. 목성이 풍슬이의 소원을 들어준 것 같네요.

핵심은?

내행성	외행성
• 지구보다 안쪽 궤도에서 공전하는 행성 • 태양 근처에서 관측 가능, 한밤중에는 관측할 수 없음 • 수성, 금성	• 지구보다 바깥쪽 궤도에서 공전하는 행성 • 초저녁이나 새벽뿐만 아니라 한밤중에도 관측할 수 있음 • 화성, 목성, 토성, 천왕성, 해왕성

> 지구 안쪽에서 공전하는 내행성 수-금! 지구 바깥쪽에서 공전하는 외행성 화-목-토-천-해! 내행성은 지구보다 안쪽에 있기 때문에 태양을 등지고 있는 밤에는 관측할 수 없어! 하지만 외행성은 지구보다 바깥쪽에 있기 때문에 한밤중에도 관측할 수 있다는 것을 꼭 기억하자!

탐사선은 화성과 목성 중 어디에 착륙할까요?

난이도 ★★☆

Q 장풍's 패밀리는 탐사선을 타고 우주를 여행 중입니다. 긴 여행에 지친 아이들은 가까운 행성에 착륙해 쉬자고 하네요. 과연 장풍쌤은 화성과 목성 중 어느 행성에 탐사선을 착륙시켜야 할까요?

단서
- 화성은 단단한 암석으로 이루어진 행성이다.
- 목성은 기체로 이루어진 행성이다.

❶ 화성

❷ 목성

지구형 행성

地	球	型
땅 지	공 구	모양 형

태양계 행성 중 지구와 물리적 특징이 비슷한 행성

지구형 행성은 암석으로 이루어진 행성을 말합니다. 크기와 질량은 작지만 평균 밀도가 큰 행성이지요. 여기에는 수성, 금성, 지구, 화성이 속해요. 고리가 없고, 위성행성 주위를 도는 천체이 없거나 수가 적은 특징을 가지고 있습니다. 수성과 금성은 위성이 없고, 지구는 '달'이라는 위성 1개를, 화성은 '포보스'와 '데이모스'라는 위성 2개를 가지고 있어요.

또한 지구형 행성 중에서 수성은 거의 대기가 없지만, 금성과 지구, 화성은 목성형 행성에 비해 얇은 대기층을 가지고 있으며, 이 대기층은 질소, 산소, 이산화 탄소와 같은 무거운 기체로 이루어져 있습니다.

크기와 질량이 작다

 수성

 금성

 지구

 화성

밀도가 높다

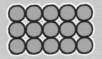

고리가 존재하지 않는다

위성이 없거나 적다

주요 대기 성분

 질소 산소 이산화 탄소

목성형 행성

木 나무 목 星 별 성 型 모양 형

094

태양계 행성 중 목성과 물리적 특징이 비슷한 행성

목성형 행성은 단단한 표면이 없고 기체로 이루어진 행성을 말합니다. 그래서 크기와 질량은 크지만 평균 밀도가 작은 행성이랍니다. 여기에는 목성, 토성, 천왕성, 해왕성이 속합니다. 얼음과 암석 조각 등으로 이루어진 고리를 가지고 있고, 매우 많은 위성을 가지고 있는 것이 특징이에요. 목성은 75개 이상의 위성, 해왕성은 14개 이상의 위성을 가지고 있고, 토성은 얼음으로 되어 있는 원반 모양의 고리를 가지고 있답니다.

또한 목성형 행성은 두꺼운 대기층을 가지고 있으며, 이는 수소, 헬륨, 암모니아와 같이 가벼운 기체로 이루어져 있습니다. 그래서 탐사선이 직접 착륙해서 탐사할 수 없는 것이죠.

와 질량이 크다

목성 토성 천왕성 해왕성

가 낮다

고리가 존재한다

이 매우 많다

주요 대기 성분

수소 헬륨 암모니아

정리 좀 해볼게요

📝 **정답은?** ❶ **화성**

목성은 기체로 이루어져 있고 단단한 표면을 가지고 있지 않기 때문에, 탐사선이 직접 착륙해서 탐사할 수 없어요. 그래서 암석으로 이루어진 지구형 행성인 화성에 착륙해야 한답니다.

💡 **핵심은?**

지구형 행성	목성형 행성
• 암석으로 이루어짐 • 크기와 질량은 작지만 평균 밀도가 큼 • 고리가 없고 위성이 없거나 적음 • 얇은 대기층을 가지고 있음	• 기체로 이루어짐 • 크기와 질량은 크지만 평균 밀도는 작음 • 고리가 있고 위성이 많음 • 두꺼운 대기층을 가지고 있음

❝ 행성들의 물리적인 특성을 기준으로 태양계 행성들을 둘로 나눌 수 있어.
지구형 행성과 목성형 행성! 태양과 가까운 지구형 행성은
무거운 원소가 많고, 단단한 암석으로 이루어져 있지.
크기는 작지만 밀도가 큰 지구형 행성! 잘 알아 두자! ❞

녹말로 변한 장풍쌤의 분신들은 어떻게 해야 할까요?

난이도 ★★☆

Q 녹말로 변신한 장풍쌤과 그의 분신들. '단당류'의 문을 통과해야 하지만, 문의 크기는 매우 작습니다. 단당류 문을 통과하기 위해서 장풍쌤과 분신들은 어떤 선택을 해야 할까요?

단서
- 녹말은 포도당으로 분해될 수 있다.
- 포도당은 단당류이다.

❶ 손을 놓고 한 명씩 입장한다.   ❷ 손을 잡고 일렬로 입장한다.

녹말 綠 末
푸를 녹 / 끝 말

095

포도당이 모여 만들어지는 영양분

녹말은 여러 개의 포도당이 결합된 탄수화물의 일종입니다. 식물은 잎에서 광합성을 통해 산소와 포도당을 만들어 내는데, 이 포도당은 녹말의 형태로 결합되어 뿌리, 줄기, 열매 등에 저장되고, 에너지원으로 사용됩니다. 우리가 먹는 쌀이나 밀 같은 곡물에도 이런 과정을 통해 녹말이 저장되어 있어요. 녹말은 오래 씹으면 침에 의해 엿당으로 분해*되었다가 소장을 거치면서 포도당으로 분해됩니다.

*분해(分 나눌 분 解 풀 해) : 여러 부분이 결합된 것을 낱낱으로 나눔

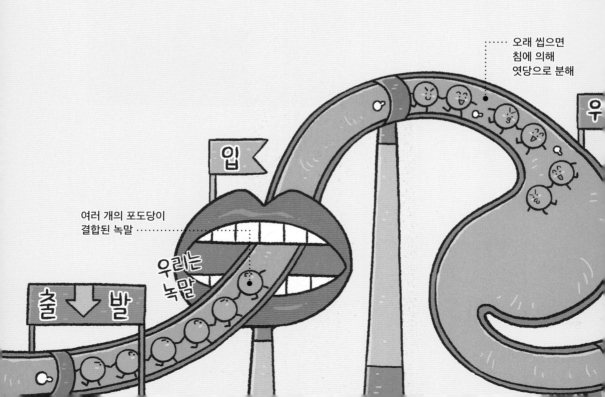

오래 씹으면 침에 의해 엿당으로 분해

입

우

여러 개의 포도당이 결합된 녹말

우리는 녹말

출 발

포도당

096

葡
포도 포

萄
포도 도

糖
설탕 당

생물의 에너지원으로, 여러 가지 당류 중에서 가장 기본적인 당

포도당은 '글루코오스Glucose'라고 부르기도 하는 단당류* 중 하나입니다. 생물이 살아가는 데 꼭 필요로 하는 기본적인 에너지원 중 하나이죠. 우리가 주식으로 먹는 곡식에 포함된 녹말은 우리 몸에 들어와 최종적으로 포도당의 형태로 분해되어 에너지원으로 사용되죠. 따라서 포도당은 우리가 에너지를 얻기 위해 꼭 필요한 영양소라고 할 수 있습니다. 재미있게도 포도당은 과일 포도에서 발견되어 붙여진 이름이라고 해요.

*단당류(單 하나 단 糖 엿 당 類 무리 류) : 더 이상 분해되지 않는 탄수화물

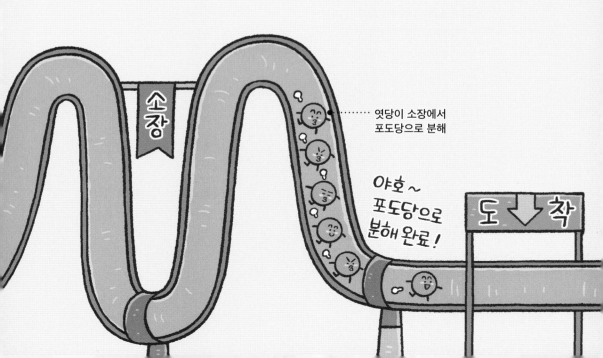

엿당이 소장에서
포도당으로 분해

야호~
포도당으로
분해 완료!

210

✏️ 정답은? ❶ 손을 놓고 한 명씩 입장한다.

녹말은 우리 몸속으로 들어오면 각 기관을 거쳐 조금씩 분해되기 시작한답니다. 침에 의해 엿당으로 분해되었다가, 최종적으로 포도당으로 분해되어 우리의 에너지원으로 쓰인답니다.

💡 핵심은?

녹말	포도당
• 여러 개의 포도당이 결합된 탄수화물의 일종 • 식물은 광합성을 통해 포도당을 생성 • 우리 몸속에서 포도당의 형태로 분해됨	• 우리가 살아가는 데 꼭 필요한 에너지원 • 녹말이 분해되어 몸에 저장되는 영양분 • 최종적으로 더 이상 분해되지 않는 에너지원

❝ 녹말과 포도당은 모두 탄수화물이야! 녹말은 포도당이 줄줄이 결합된 다당류!
녹말이 분해되면 단당류인 포도당이 되는 거야! 식물의 엽록체에서는 포도당이 녹말로!
우리가 이걸 먹으면 몸속에서는 녹말이 포도당으로! 정말 신기하지? ❞

광합성 vs 호흡 | 생명과학

촛불이 먼저 꺼지는 쪽은 어디일까요?

난이도 ★★★

Q 풍마니는 과학 실험을 하고 있습니다. 유리 돔의 한쪽에는 촛불만 넣어 놓고, 다른 한쪽에는 촛불과 작은 화분을 같이 넣었습니다. 과연 어느 쪽의 촛불이 먼저 꺼질까요?

단서
- 촛불이 계속 타기 위해서는 산소가 필요하다.
- 식물은 현재 광합성을 하고 있다.
- 식물이 호흡과 광합성을 위해 필요한 물질을 생각해보자.

❶ 동시에 꺼진다.   ❷ 왼쪽   ❸ 오른쪽

광합성

光	合	成
빛 광	합할 합	이룰 성

097

식물이 빛을 이용하여 스스로 양분을 만드는 과정

광합성은 식물 세포에 존재하는 엽록체에서 일어나는 현상입니다. 식물은 태양으로부터 오는 빛에너지를 이용해 물과 이산화 탄소가 결합하며 포도당과 산소를 만들어 내는데요. 만들어진 포도당은 녹말로 바뀌어 엽록체에 저장되고, 산소는 기공*을 통해 공기 중으로 배출됩니다. 엽록체에 저장된 양분인 녹말은 잎, 줄기, 뿌리 등 여러 기관으로 이동하여 식물이 살아가는 데 도움을 줍니다. 광합성이 일어나기 위해 꼭 필요한 조건은 빛, 이산화 탄소, 물입니다. 3가지 조건 중 하나라도 충족이 되지 않는다면 광합성은 일어나지 않죠.

*기공(氣 기운 기 孔 구멍 공) : 식물의 잎 뒷면에 있는 공기가 드나드는 작은 구멍

광합성의 과정

이산화 탄소 + 물 + 빛 ➡ 포도당 + 산소

광합성

빛에너지

포도당

산소

호흡 呼 吸
내쉴 호 · 마실 흡

098

산소와 양분을 이용하여 에너지를 만드는 과정

식물은 동물과 마찬가지로 호흡을 한답니다. 식물의 호흡은 식물체를 구성하고 있는 세포 소기관인 미토콘드리아에서 일어납니다. 호흡을 통해 얻은 산소를 이용해 광합성을 통해 만들어진 포도당을 분해하여 식물의 생명 활동에 필요한 에너지를 얻고 이산화 탄소와 물을 배출하죠. 특히 호흡은 낮과 밤 모두 일어납니다. 하지만 낮에는 빛에 의해 광합성이 활발하게 일어나기 때문에 호흡으로 생성된 이산화 탄소가 모두 광합성에 이용되어 겉으로는 마치 호흡을 하지 않는 것처럼 보이는 거예요. 하지만 싹이 트거나 꽃이 필 때 에너지가 많이 필요하기 때문에 호흡도 광합성만큼이나 왕성하게 일어난답니다.

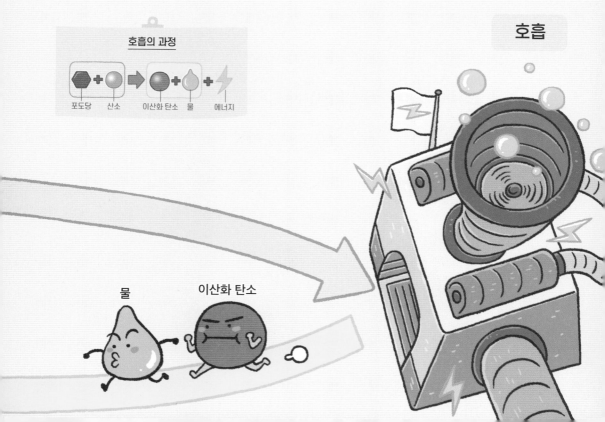

호흡의 과정

포도당 + 산소 → 이산화 탄소 + 물 + 에너지

호흡

물

이산화 탄소

정리 좀 해볼게요

📝 **정답은?** ❷ 왼쪽

촛불이 타기 위해서는 많은 산소가 필요해요. 식물은 광합성을 통해 이산화 탄소와 물, 빛에너지로 산소와 포도당을 만들어내며 양분을 만들어요. 따라서 화분과 같이 있는 촛불은 식물이 광합성하며 배출된 산소로 인해 더 오랫동안 탈 수 있는 것이죠.

💡 **핵심은?**

광합성	호흡
• 식물이 빛에너지를 통해 물과 이산화 탄소를 결합하여, 포도당과 산소를 만들어 내는 것 • 낮에만 일어남	• 산소를 이용해 광합성을 통해 만들어진 포도당을 분해하여 에너지를 내고 이산화 탄소, 물을 만들어 내는 것 • 낮과 밤에 일어남

❝ 식물 세포의 세포 소기관 중 광합성이 일어나는 장소는 엽록체!
호흡은 미토콘드리아! 이산화 탄소와 물이 빛에너지를 흡수하여
포도당과 산소를 만드는 광합성, 포도당과 산소를 이용해 에너지를 방출하여
이산화 탄소와 물이 만들어지는 호흡! 꼭 기억하자! ❞

풍식이의 몸속에서 일어날 일은 무엇일까요?

난이도 ★★★

Q 풍식이는 헬스장에서 열심히 근육 운동을 한 후 에너지를 보충하기 위해서 단백질 쉐이크를 마시고 있습니다. 풍식이의 몸속으로 들어간 단백질은 몸 속에서 어떤 과정을 거칠까요?

단서
- 아미노산은 단백질을 구성한다.
- 단백질 쉐이크를 먹으면 에너지가 몸속에 저장된다.

❶ 아무런 변화 없이 배출된다.　　　**❷** 아미노산으로 분해된다.

동화 작용

同 같을 동 　化 될 화 　作 지을 작 　用 쓸 용

099

저분자 물질이 고분자 물질로 합성되는 과정

동화 작용은 생물의 몸속에 들어온 에너지를 체내에 저장하는 과정입니다. 저분자 물질들이 에너지를 흡수하면서 고분자 물질로 합성되는 과정이지요. 대표적인 동화 작용에는 광합성과 단백질 합성이 있어요. 광합성은 이산화탄소와 물로부터 포도당을 합성하는 과정입니다. 그리고 단백질 합성은 우리 몸속에서 여러 분자의 아미노산이 결합하여 고분자 물질인 단백질로 합성하는 과정입니다.

동화 작용

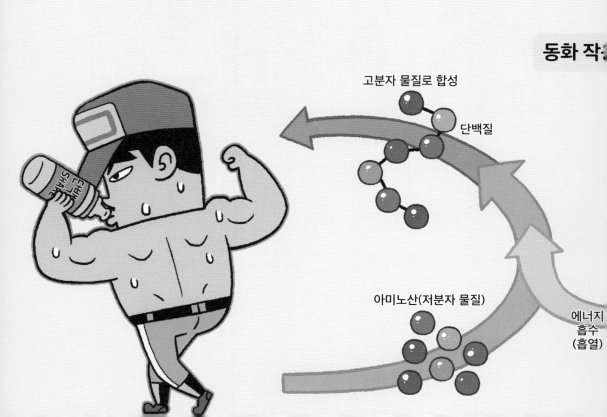

고분자 물질로 합성

단백질

아미노산(저분자 물질)

에너지
흡수
(흡열)

이화 작용

異	化	作	用
다를 이	될 화	지을 작	쓸 용

고분자 물질이 저분자 물질로 분해되는 과정

이화 작용은 생물의 몸에 저장된 영양소를 분해하여 생명 활동에 필요한 에너지를 만들어 내는 과정입니다. 고분자 물질들이 에너지를 방출하면서 저분자 물질로 분해되는 과정이에요.

대표적인 이화 작용은 세포 호흡과 소화를 들 수 있습니다. 세포 호흡은 식물이 포도당을 이산화 탄소와 물로 분해하면서 에너지를 내는 과정이고, 소화는 단백질과 같이 고분자의 형태로 섭취한 영양분을 아미노산과 같은 저분자 물질로 분해하는 과정이에요.

이화 작용

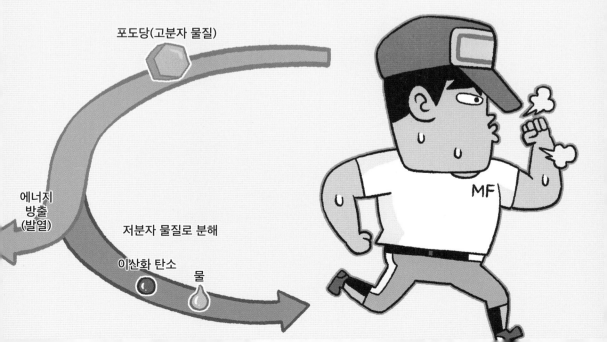

포도당(고분자 물질)

에너지 방출 (발열)

저분자 물질로 분해

이산화 탄소

물

정리 좀 해볼게요

✎ 정답은? ❷ 아미노산으로 분해된다.

우리 몸에 에너지를 보충하기 위해서는 양분을 섭취해야 해요. 이때 섭취한 양분은 우리 몸속에서 이화 작용을 통해 분해되면서 우리가 사용할 수 있는 에너지의 형태가 된답니다. 풍식이의 몸속으로 들어간 단백질은 몸속에서 아미노산으로 분해되겠네요.

💡 핵심은?

동화 작용	이화 작용
• 저분자 물질이 고분자 물질로 합성됨	• 고분자 물질이 저분자 물질로 분해됨
• 에너지의 저장	• 에너지의 생성
• 에너지를 흡수하며 흡열 반응이 일어남	• 에너지를 방출하며 발열 반응이 일어남
• 광합성, 단백질 합성 과정	• 세포 호흡, 동물의 소화 과정

❝ 생물 내에서는 물질을 합성시키는 동화 작용, 물질을 분해시키는 이화 작용이 일어나! 동화 작용은 에너지를 흡수하여 간단한 물질을 복잡한 물질로 합성하는 과정! 이화 작용은 복잡한 물질을 간단한 물질로 만들어 에너지를 방출하는 과정! 에너지의 출입까지 잊지 말자! ❞

자주 쓰는 단위와 기호

다양한 단위와 기호를 정확하게 구분하고 변환할 수 있도록 해요.

무게

이름	기호	변환
밀리그램	mg	1mg = 0.001g
그램	g	1g = 1,000mg
킬로그램	kg	1kg = 1,000g
톤	t	1t = 1,000kg

시간

이름	기호	변환
초	s	$1s = \frac{1}{60}m$
분	m	1m = 60s
시간	h	1h = 60m = 3,600s
일	d	1d = 24h = 1,440m = 86,400s

속도

이름	기호	읽는 법
초속	cm/s, m/s	센티미터 퍼 세컨드, 미터 퍼 세컨드
분속	m/m	미터 퍼 미뉴트
시간	km/h	킬로미터 퍼 아워

넓이

이름	기호	변환
제곱센티미터	cm^2	$1cm^2 = 0.0001m^2$
제곱미터	m^2	$1m^2 = 10,000cm^2$
제곱킬로미터	km^2	$1km^2 = 1,000,000m^2$

부피

이름	기호	변환
세제곱센티미터	cm^3	$1cm^3 = 0.000001m^3$
세제곱미터	m^3	$1m^3 = 1,000,000cm^3$
밀리리터	mL	1mL = 0.001L = 0.01dL
데시리터	dL	1dL = 0.1L = 100mL
리터	L	1L = 1,000mL

과학 실력 테스트

다음 과학 개념을 읽고 맞는 문장이라면 O, 틀린 문장이라면 X에 체크하세요.

		O	X
01	사람은 조직계를 가지고 있다.	○	✕
02	동맥은 심장에서 나온 혈액이 지나가는 길이다.	○	✕
03	심장에는 여러 개의 방이 있다.	○	✕
04	만조일 때는 하루 중 해수면이 가장 높다.	○	✕
05	고체에서 열은 주로 접촉에 의해 이동한다.	○	✕
06	해풍은 육지에서 바다로 부는 바람이다.	○	✕
07	구름의 종류를 통해 앞으로의 날씨를 예측할 수 있다.	○	✕
08	고기압은 맑은 날씨와 관계있다.	○	✕
09	태풍의 중심에는 태풍의 눈이 있다.	○	✕
10	정지해 있던 버스가 갑자기 출발하면 몸이 앞으로 쏠린다.	○	✕
11	초점이 황반에 맺히면 잘 보인다.	○	✕
12	홍채가 수축하면 동공이 확대된다.	○	✕
13	사람들은 모두 염색체를 가지고 있다.	○	✕
14	실제로 태양보다 북극성이 더 밝다.	○	✕
15	구상 성단에는 나이가 많은 별들이 모여있다.	○	✕
16	구름은 모양에 따라 적운과 층운으로 구분된다.	○	✕
17	온도가 낮아지면 기체의 부피는 줄어든다.	○	✕

18	가까이 있는 게 잘 보이지 않으면 오목 렌즈 안경을 써야 한다.	○	×
19	생과일 주스는 불균일 혼합물이다.	○	×
20	밀물은 바닷물이 밀려 들어오는 것이다.	○	×
21	차가운 공기는 위에서 아래로 이동한다.	○	×
22	뚝배기 냄비는 비열이 크다.	○	×
23	이자에서는 혈당을 낮추는 호르몬이 분비된다.	○	×
24	염색체는 세포 분열을 할 때 볼 수 있다.	○	×
25	키가 크면 체세포의 크기도 함께 커진다.	○	×
26	산개 성단은 푸른 빛을 띤다.	○	×
27	사과를 깎아두면 색이 변하는 것은 화학적인 변화다.	○	×
28	시베리아 기단은 겨울철에 우리나라로 오는 기단이다.	○	×
29	코끼리코를 돌다 멈췄을 때 어지러운 이유는 림프액 때문이다.	○	×
30	사람들은 냉점보다 온점을 적게 가지고 있다.	○	×

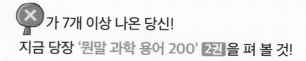

가 7개 이상 나온 당신!
지금 당장 '뭔말 과학 용어 200' 2권 을 펴 볼 것!

정답은 뒷장에서 공개할게요!

과학 실력 테스트 [정답]

01	×	02	○	03	○	04	○	05	○	06	×	07	○	08	○	09	○	10	×
11	○	12	○	13	○	14	○	15	○	16	○	17	○	18	×	19	○	20	○
21	○	22	○	23	○	24	○	25	×	26	○	27	○	28	○	29	○	30	○

2권으로 가자!

2권에서 배울 용어

초판 5쇄 발행 2023년 4월 7일
초판 1쇄 발행 2022년 1월 28일

글 ㅣ 장성규(장풍)
그림 ㅣ 김석
감수 ㅣ 임효진, 정영아, 유혜인(장풍 과학연구소)
　　　　김지연(서울 초당초등학교)
　　　　연광흠(경기 과학고등학교)
스토리 ㅣ 김경선

발행인 ㅣ 손은진
개발 책임 ㅣ 김문주
개발 ㅣ 정미진, 서은영, 민고은
디자인 ㅣ 이정숙, 윤인아, 이솔이
제작 ㅣ 이성재, 장병미

발행처 ㅣ 메가스터디(주)
주소 ㅣ 서울시 서초구 효령로 304 국제전자센터 24층
대표전화 ㅣ 1661-5431
홈페이지 ㅣ http://www.megastudybooks.com
출판사 신고 번호 ㅣ 제 2015-000159호
출간제안/원고투고 ㅣ writer@megastudy.net

*잘못된 책은 구입하신 곳에서 바꾸어 드립니다.